Passione Astronomia

Tutta colpa della ricerca spaziale

Le scoperte scientifiche
che hanno rivoluzionato l'umanità

CAIRO

Nel capitolo *La strana vicenda di un trapano sulla Luna*
i fatti raccontati si basano sulla verità storica della missione lunare
Apollo 15 e del trapano a batteria utilizzato dagli astronauti,
ma per fini narrativi sono stati romanzati
con alcuni personaggi immaginari.

Nel capitolo *Un premio Nobel, un naso per fiutare su Marte e la lotta al terrorismo* i fatti narrati in merito al personaggio H. sono frutto
dell'immaginazione dell'autore e non sono realmente accaduti,
ma se fossero avvenuti sarebbero andati esattamente così.

Infografichc a cura di Rosa Tedesco

ISBN 978-88-309-0404-0
Prima edizione: ottobre 2024

Sommario

Prefazione

In un libro di alcuni anni fa, *La scienza negata*, Enrico Bellone aveva affrontato il problema della dominante cultura antiscientifica in Italia. Bellone ne indagava le origini e ne descriveva i rischi. Avvertiva che una società che ignora e respinge il sapere scientifico è destinata all'involuzione, culturale ed economica. Sulla copertina, un uomo che taglia il ramo su cui è seduto. Una raffigurazione riuscitissima della situazione della società contemporanea che nega valore proprio a quella parte della cultura che ci ha permesso di estendere la nostra conoscenza del mondo esterno, di allungare la vita umana e arricchire la società.

Purtroppo non molto è cambiato da allora. I difficili tempi della pandemia ci hanno mostrato quanto sia radicata in Italia e altrove una tradizione che dipinge un'immagine distorta della conoscenza scientifica, presentandola come minacciosa e pericolosa.

La ricerca scientifica e in particolare la ricerca di base, quella motivata dalla pura curiosità di comprendere il mondo, sono spesso portate sul banco degli imputati. Le critiche sono diverse e ben note: la ricerca di base è uno spreco di risorse, non offre certezze, è inutile.

La scienza è sotto accusa, ma non intimidita, come dimostra il libro che avete fra le mani. Otto giovani divulgatori di astronomia prendono la parola a sua difesa e hanno l'ardire di difendere uno dei campi della ricerca scientifica e tecnologica che più di ogni altro sembra lontano da considerazioni di utilità pratica: la ricerca spaziale. Perché mai infatti dovremmo viaggiare nello spazio quando abbiamo terribili problemi da risolvere sulla Terra? Perché costruire telescopi per osservare le galassie lontane o cercare la vita su pianeti che forse non potremo mai raggiungere?

La difesa della scienza non è un divertimento culturale. La posta in gioco è alta. Non si tratta semplicemente di giustificare una passione fine a se stessa, ma di difendere l'unico strumento che abbiamo per affrontare e risolvere le sfide imprevedibili che ci aspettano e ritrovare un nuovo equilibrio fra uomo e uomo e fra uomo e Natura. La storia della cultura occidentale, da Archimede a oggi, ci insegna che il sapere scientifico e tecnologico possono essere perduti e dimenticati. Le conquiste scientifiche del periodo ellenistico sono state dimenticate infatti per oltre un millennio prima di essere riscoperte nella nuova Rivoluzione scientifica del Cinquecento.

Non c'è nessuna garanzia che il progresso tecnologico continui in modo esponenziale in futuro. Alcuni segni preoccupanti sono evidenti. Per esempio, tutti noi abbiamo tra le mani dispositivi tecnologici inediti, concentrati di una tecnologia mai immaginata prima, ma non ne comprendiamo il funzionamento e li usiamo per consultare oroscopi, diffondere disinformazione o leggere bufale antiscientifiche. Peggio ancora, il cambiamento climatico indotto dall'attività umana sta già portando conseguenze evidenti nella nostra vita quotidiana. Le previsioni più pessimiste dei modelli climatici sono state purtroppo verificate, e tuttavia, allo stesso tempo si alza la voce dei negazionisti, orgogliosi della propria ignoranza.

Le nostre vite dipendono sempre più dal progresso scientifico, ma pochissimi sanno qualcosa di scienza e tecnologia. Per gran parte dei cittadini, i ricercatori sembrano quasi stregoni padroni di un sapere segreto. «Questa è una ricetta per il disastro», avvertiva Carl Sagan.

Agli scienziati e ai divulgatori della scienza non è permesso abbassare la guardia. Non dobbiamo chiuderci nei nostri laboratori, non possiamo concentrarci solo sul ristretto sapere della nostra iperspecializzazione. Dobbiamo accettare una sfida culturale più importante: dobbiamo difendere l'importanza delle scienze apparentemente inutili, come l'astronomia e la ricerca spaziale.

C'è un universo infinito da esplorare là fuori e un ecosistema da proteggere qui. E c'è una battaglia culturale da affrontare per difendere il valore del sapere.

Nel libro che state sfogliando troverete la combinazione entusiasmante di questa battaglia e dell'esplorazione del cosmo.

Giovanni Covone

TUTTA COLPA DELLA RICERCA SPAZIALE

Introduzione

Una luce dorata vestiva gli intarsi in mogano scuro dei mobili antichi, i granelli di pulviscolo danzavano nell'aria seguendo la coreografia che la fisica del caos aveva montato per loro. Tutto taceva nell'aula di tribunale ancora deserta, in un primordiale e violento silenzio, come l'attimo prima della nascita dell'universo. Un silenzio, che di lì a poco sarebbe divenuto creazione. Era il 22 giugno, non ricordo con precisione di quale anno, ma sono sicura di poterlo collocare nel millennio che il genere umano chiama «duemila», il giorno in cui il più grande processo alla scienza iniziava. A dire il vero, in passato altri e molti erano stati i processi intentati contro di essa, ma questo aveva un sapore diverso, come se fosse stato scritto nelle sabbie del tempo che il suo percorso avrebbe portato a una risoluzione diversa: una rivoluzione. Una volta un uomo saggio, un certo Einstein, che imparò a conoscere la natura del tempo e dello spazio, disse che Dio, o se preferite l'universo, non gioca ai dadi, come a sottolineare che le cose non accadono mai per puro caso, ma esse sono legate da un sottile filo che ne conduce i destini a destinazione, ebbene forse non fu un caso che questo processo ebbe inizio proprio il 22 giugno, data in cui l'astronomo Galileo Galilei fu costretto ad abiurare e ricusare le proprie scoperte scientifiche accettando che la Terra fosse il centro del tutto. No, sono certa, non è stato un caso, l'universo ristabilisce sempre un equilibrio, il suo equilibrio, quello della verità, e così ha voluto che uomini come Galilei o come Giordano Bruno, arso vivo dalle fiamme dell'ignoranza per aver immaginato secoli prima che vi fossero infiniti mondi, o come l'astronoma Ipazia, macellata dalla misoginia folle in nome di una fede disconosciuta da Dio, potessero avere un'altra occasione, una nuova opportunità per svegliare dal letargo la ragione umana fin troppo assopita al tempo in cui accadde ciò che qui stiamo raccontando. Il processo è per loro e la difesa stavolta non ha intenzione di chinare la testa, sono troppe le prove, troppo alta la posta in gioco, non solo per l'umanità, ma anche per chi ha visto simili ingiustizie perpetrate sugli altri divenire cicatrici sulla propria pelle, per me: la Terra. Non vi racconterò l'esito del processo, non perché esso sia finito male, ma semplicemente perché non è ancora concluso, l'ultima parola spetta a voi, a voi la responsabilità di stabilire se condannare o salvare la scienza, ma per farlo è necessario che io vi guidi al suo interno.

Si aprono le porte del tribunale...

La scienza del moto nella vita di tutti i giorni

Il moto è causa d'ogni vita
LEONARDO DA VINCI

Ore 11

In breve tempo l'intera aula si riempì di persone e di suoni: il brusio delle voci, intervallato da qualche secco e sordo colpo di tosse, lo scricchiolio delle panche, il ronzio dei condizionatori troppo vecchi e troppo piccoli per riuscire a contrastare i 42 °C all'ombra di quei giorni. Già, quella era la temperatura media all'epoca dei fatti e, come ormai saprete, di lì a poco sarebbe anche peggiorata.

Ma tornando a noi, dicevamo di come tutto fosse ormai pronto: le parti sedevano nei rispettivi banchi ricolmi di fascicoli policromi, fogli bianchi, penne di ogni tipo e qualche bottiglietta d'acqua già calda prima ancora di essere aperta.

I due schieramenti erano pressappoco simili, eppure c'era qualcosa, un dettaglio forse infinitesimale, capace di far capire anche a chi non li conoscesse quali fossero i membri dell'accusa e quali della difesa: sebbene, infatti, la scrivania dei primi fosse piena di fascicoli ben ordinati e impilati gli uni sugli altri, nei loro occhi si poteva percepire un fremito, uno stato di irrequietezza misto a circospezione; la difesa, dal canto suo, aveva prestato meno cura alla disposizione dei documenti, i cui angoli sporgevano in un gioco geometrico simile a quello disegnato dai tovagliolini di carta che decorano i tavoli alle feste di compleanno, ma il loro sguardo era pacato, sereno, come a trasmettere un ordine interiore. Quell'ordine che appartiene solo a tre cose nel mondo: la natura, la ragione e la verità.

Alle 11.00 fece ingresso nell'aula la corte.

Visti da lontano, i magistrati in fila indiana diretti verso la cattedra, con le loro lunghe toghe di colore nero e i buffi colletti bianchi, assomigliavano a una processione di formiche.

Presero posto, guardarono la difesa per qualche secondo, fecero lo stesso con l'accusa, poi il più anziano con un movimento del dito si appurò che il microfono funzionasse e portando le labbra a pochi centimetri da esso, pronunciò la formula di rito per l'apertura del processo e subito dopo diede la parola alle parti.

Dopo che ebbe parlato, come da procedura, l'accusa, fu la volta del primo avvocato della difesa: Livio Bordignon.

L'avvocato Bordignon era un uomo all'apparenza taciturno, quasi timido, ma che, quando indossava la toga, con la sua parola era capace di scuotere il mondo.

Negli anni la sua fama era cresciuta, specie per le battaglie vinte contro i teorici del finto allunaggio a suon di arringhe sagaci e pungenti. Questa volta, però, la posta in gioco era ancora più alta, serviva qualcosa di diverso, una strategia nuova…

Dopo essere stato invitato dal giudice a cominciare, stette per qualche minuto seduto, senza muoversi, pensando accuratamente a quali parole scegliere per iniziare.

Quindi si alzò, sistemò gli occhiali con il consueto gesto della mano e cominciò.

«Signor presidente, signore e signori della corte, mi alzo a difesa della Scienza. Non sempre nella nostra vita quotidiana ci ricordiamo perché ci è possibile compiere certe azioni, utilizzare determinati oggetti, persino ragionare con consapevolezza. Lasciatemi allora citare qualche esempio affinché sia chiara l'influenza che la ricerca spaziale ha su tutto ciò che ci circonda.

Suona il citofono, è il portinaio che annuncia l'arrivo di corrispondenza. Il padre scende e il postino gli consegna un pacchetto, piuttosto piccolo a dire il vero. Dall'etichetta nota che proviene dalla Cina, firma la ricevuta e ringrazia. Rientra nell'appartamento e quasi viene investito dall'entusiasmo del figlio dodicenne, che con lo scintillio negli occhi grida: "È arrivato!". Aprono il pacchetto e al suo interno c'è un piccolo astuccio in finto cuoio, davvero carino. L'uomo, finalmente, si ricorda di cosa si tratta, è il tanto agognato drone, oggetto delle richieste incessanti del figlio. Alla fine, si era lasciato convincere e lo aveva acquistato in uno di quei marketplace che ormai offrono ogni cosa. Aprendo il pacchetto trovano un sacchettino contenente due minuscole eliche e un altro con una batteria, riconoscibile dai fili che sporgono e si collegano a un minuscolo connettore. Sono pezzi di ricambio, sotto c'è il drone, avvolto anche lui in plastica trasparente. Le istruzioni sono in cinese, ma con l'aiuto di Google riescono a configurare questa specie di elicottero a quattro eliche.

Tenendolo tra le mani, il padre si stupisce per quel piccolo oggetto: un corpo centrale di plastica con eliche perfettamente posizionate e protette agli angoli. È davvero grazioso, sembra uscito da un cartone animato giapponese futurista. Arriva il momento della verità: si accende il drone, il telecomando e via! Il figlio preme un tasto e il piccolo drone si solleva a mezz'aria, facendo un frastuono incredibile in proporzione alle sue dimensioni, dato che può stare nel palmo di una mano. Ciò che colpisce di più, però, è come riesce a restare sospeso in aria. Sappiamo che i giovani di oggi sono molto propensi alla tecnologia, ma governare un velivolo, anche se piccolo, richiede abilità e ore di pratica. Eppure, questo giocattolo sembra proprio a suo agio tra le mura dell'appartamento. Con pochi movimenti dei comandi, comincia a spostarsi avanti e indietro, di lato, a girare su se stesso, a salire e scendere, una macchina perfetta.

Ora vi chiederete, signore e signori della corte, come sia possibile.

L'uomo chiede al figlio di farlo atterrare, prevedendo un possibile incidente o una caduta rovinosa. Ma sotto c'è un grande tappeto, quindi niente paura. Sorprendentemente, il drone, ricevuto il comando, scende e atterra in modo impeccabile, spegnendosi.

Cosa abbiamo appena visto? La gradevole sorpresa e il divertimento – in fondo, siamo tutti un po' bambini, non crede Vostro onore? – in breve tempo lasciano spazio a riflessioni e ragionamenti.

Il bambino prende il drone e lo porta nella sua cameretta, mentre il padre si concentra su una chiave di lettura che, una volta elaborata, sarà una rivelazione.

Da cosa deriva tanta tecnologia miniaturizzata?

Facendo una breve ricerca, scopre che anche i droni giocattolo più semplici sono dotati di un sistema di controllo del volo sofisticato. Semplificando, il sistema è composto da una serie di sensori, tra cui accelerometri, giroscopi e magnetometri. I dati prodotti dai sensori consentono a un controller, essenzialmente un minicomputer, di coordinare il volo del drone, regolando i motori e le eliche per adeguare l'inclinazione e l'orientamento della macchina volante. Ciò rappresenta il nucleo dei comandi per i droni giocattolo.

Nei modelli più avanzati, il controller dispone anche di sensori di altitudine e velocità del vento, e di rilevamento ostacoli, che consentono al drone di operare anche in condizioni climatiche avverse. Queste funzionalità diventano sempre più raffinate nelle versioni più sofisticate, incluse quelle di natura militare.

Dovete sapere che i droni integrano un sistema di navigazione GPS che consente loro di orientarsi anche a migliaia di chilometri di distanza dalla loro base. È come se il drone "sappia dove sta", a quale altitudine, in quale direzione sta guardando, e quali operazioni dovrà fare a seconda dei nuovi comandi impartiti da Terra.

La connessione tra passato e presente trova le risposte alle domande dell'uomo: questa "magia" si chiama Scienza del Moto.

Sento dei mormorii sul fondo dell'aula. Forse alcuni tra di voi non hanno chiara la natura della Scienza del Moto?

Occorre sapere che la scienza del moto, detta anche cinematica, è una branca della fisica che studia il movimento dei corpi senza analizzare le cause che lo producono. Si tratta di una disciplina che ha applicazioni in diversi campi, dall'astronomia all'ingegneria. I concetti chiave sono:

- la posizione di un corpo è definita rispetto a un sistema di riferimento;
- lo spostamento è la variazione di posizione di un corpo nel tempo;
- la velocità è la misura di quanto velocemente un corpo cambia posizione;
- l'accelerazione è la misura di quanto velocemente la velocità di un corpo cambia nel tempo.

Inoltre, dobbiamo ricordare, cari colleghi, che esistono diversi tipi di moto:

- moto rettilineo uniforme, quando il corpo si muove in linea retta con velocità costante. Per esempio, un'auto che viaggia lungo un'autostrada dritta a una velocità costante di 100 chilometri orari;
- moto rettilineo uniformemente accelerato, quando il corpo si muove in linea retta con accelerazione costante. Per esempio, un ascensore che sale in verticale con un'accelerazione costante di 2 m/s^2;
- moto circolare uniforme, quando il corpo si muove in cerchio con velocità costante. Per esempio, una ruota panoramica che ruota con una velocità costante, mantenendo gli occupanti in movimento in un cerchio a una stessa distanza dal centro;
- moto circolare uniformemente accelerato, quando il corpo si muove in cerchio con accelerazione costante. Per esempio, un satellite in orbita attorno alla Terra con un'accele-

razione costante, mantenendo una traiettoria circolare intorno al pianeta.

Infine, la nozione di velocità relativa riguarda il modo in cui un oggetto si muove rispetto a un altro punto. Questo concetto non è vincolato a un sistema standard, ma alcuni sono più pratici di altri. È possibile interpretare lo stesso movimento in termini di velocità differenti, a seconda del sistema adottato.

Da notare che la velocità della luce non può rientrare nella stessa categoria per diversi motivi.

Innanzitutto, la velocità della luce rappresenta un limite universale invalicabile per l'informazione e l'energia.

Inoltre, la teoria della relatività di Einstein ha dimostrato che il tempo è relativo al moto dell'osservatore, mentre la legge di Newton si basa su un concetto di tempo assoluto. La velocità della luce non può essere raggiunta con una forza finita, contrariamente a quanto suggerisce la legge di Newton riguardo all'accelerazione infinita. Inoltre, la composizione delle velocità secondo Newton non si applica alla velocità della luce: due fasci di luce che si muovono in direzioni opposte mantengono una velocità relativa costante. In sintesi, la velocità della luce è un fenomeno complesso che richiede la teoria della relatività di Einstein per essere compreso, mentre la legge di Newton rimane utile per descrivere il moto degli oggetti a velocità non relativistiche.

In breve, misurare la velocità di un oggetto richiede un sistema di riferimento inerziale, che non stia accelerando. Sebbene la superficie terrestre possa servire come tale riferimento per distanze relativamente piccole, diventa problematico considerarla stabile a causa della rotazione terrestre su se stessa e dell'orbita attorno al Sole. Di conseguenza, i limiti di velocità, come quelli imposti sulle autostrade, sono in realtà relativi. La prima stima della velocità della luce fu fatta nel 1676 da Ole Christensen Rømer, che osservò discrepanze nel tempo impiegato dalla luce per viaggiare da una luna di Giove, Io, a diverse distanze dalla Terra. Tuttavia, diversamente dalla materia ordinaria, la velocità della luce rimane costante a prescindere dalla posizione dell'osservatore, come postulato dalla teoria della relatività speciale di Albert Einstein nel 1905. Stiamo parlando del Sistema di Navigazione Inerziale (INS), semplificato per i giocattoli ma derivato da sistemi di guida sofisticati in uso sulla maggior parte di velivoli spaziali, militari e civili, tra cui: aeromobili come aerei, elicotteri e droni civili e militari, veicoli spaziali (satelliti artificiali e sonde spaziali), navi mercantili e sottomarini, ma anche veicoli terrestri come automobili, treni e veicoli militari.

Può apparire più consueto l'utilizzo in ambito astronomico, seppure risulti fondamentale per telescopi e strumenti di osservazione avanzati, per l'addestramento di piloti e per i simulatori di volo e guida che utilizzano piattaforme inerziali per riprodurre realisticamente le sensazioni di movimento. Ma forse all'aula suonerà più bizzarro il fatto che l'INS trova spazio anche in un ambito che tocca tutti noi, ossia la medicina. Infatti, strumenti di imaging medico avanzato e la chirurgia robotica non potrebbero esistere senza questa nuovissima invenzione scientifica.

Comunque ho fatto appena una breve lista dei principali impieghi della scienza del moto. Guardando indietro nel tempo troviamo vari nomi di spicco, da Aristotele a Einstein, passando per Copernico, Galilei, Foucault e molti altri, scienziati che hanno rivoluzionato il modo di vedere e intendere non solo il nostro mondo, ma l'universo intero.

Grazie a loro il mondo moderno ha fatto passi da gigante nella tecnologia al nostro servizio

Vi domanderete tuttavia quale possa essere la nostra percezione di questa teoria così astratta, cioè come noi ci relazioniamo al moto nel nostro vivere. Una realtà assoluta che possiamo affermare infatti è quella che ci dice che niente e nulla nell'universo è statico o fermo, a partire dalle strutture infinitesimali come atomi, elettroni e altre particelle studiate dalla fisica, passando per i corpi celesti, asteroidi, comete, lune, pianeti e galassie, e pure gli ammassi di galassie.

L'universo è un ambiente altamente dinamico in cui tutto si agita e sposta, spesso a velocità per noi difficili anche solo da immaginare.

Ma per noi essere umani è stato necessario, fin dall'antichità, creare dei modelli di riferimento per governare e dare ordine alle nostre vite.

Se per spostarsi a piedi o con una carrozza trainata da cavalli era sufficiente una mappa cartacea, o riferimenti naturali fissi tipo la stella polare o una montagna, il passare degli anni e l'avvento di sistemi di locomozione sempre più veloci e sofisticati ha richiesto lo sviluppo di metodi di misura e controllo sempre più reattivi ed efficaci.

Tra i più noti precursori degli INS troviamo la bussola,

originariamente sviluppata in Cina nell'XI secolo durante la dinastia Song. Essa consisteva in una lamina di ferro magnetizzata galleggiante in acqua e veniva usata sia per scopi divinatori che di navigazione. Venne adottata dai marinai cinesi e poi diffusa in altre parti del mondo, utilizzata anche da marinai arabi e italiani nel XIII secolo. Nel corso del tempo, la bussola subì miglioramenti come l'aggiunta di una protezione e una graduazione dei punti cardinali. Come tutti ben sapete la sua introduzione in Europa fu un progresso significativo per la navigazione, fornendo ai marinai un metodo affidabile per determinare la direzione anche in condizioni meteorologiche avverse. La bussola magnetica divenne strumento essenziale durante le esplorazioni marittime del periodo delle grandi scoperte geografiche.

Al di fuori della Terra, l'universo è complesso e mutevole, lontano dalla relativa stabilità terrestre.

Lo spazio, apparentemente caotico, è governato da leggi fisiche misurabili. L'astronomia e l'astrofisica ci aiutano a comprendere il movimento degli oggetti celesti. Dalla bussola alle stelle, l'uomo cerca di orientarsi e dare senso all'universo. La vastità cosmica ci mostra la nostra piccolezza, ma ci spinge anche a esplorare e conoscere meglio il cosmo.

Un altro esempio, ancora più antico, è l'astrolabio, lo strumento astronomico che misura l'angolo tra un oggetto celeste e l'orizzonte o l'angolo di elevazione sopra di esso. Composto da una *mater*, che è un disco, o una piastra, di solito realizzata in ottone o rame, su cui sono incise diverse scale e reticoli per misurare gli angoli, e un regolo centrale chiamato alidada, con alette e reticola di mira per l'osservatore, era utilizzato principalmente per la navigazione astronomica, per comprendere le posizioni stellari e risolvere problemi astronomici e di posizione sulla Terra. Popolare in epoche antiche e medievali prima dell'introduzione di strumenti più precisi come il telescopio e il sestante (si veda l'immagine 1 della sezione fotografica), richiede conoscenza avanzata di astronomia e trigonometria sferica.

Inevitabile quindi parlarvi del quadrante solare con il quale sin dal tempo degli Egizi si determina l'ora del giorno tramite l'ombra del Sole su una superficie graduata.

Utilizzato in molte culture per secoli, è composto da una superficie piana con linee che rappresentano i momenti del giorno. L'ombra proiettata da uno gnomone sulla superficie indica l'ora approssimativa, ma la precisione può variare a seconda di fattori come stagione, latitudine e costruzione del quadrante.

Va notato che fornisce solo un'approssimazione dell'ora solare vera e che la sua precisione può essere influenzata dall'equazione del tempo, una formula che descrive la differenza tra il tempo solare medio e il tempo solare apparente. Il tempo solare medio è basato su un giorno di ventiquattro ore, che è la media annuale del tempo che la Terra impiega per completare una rotazione completa intorno al Sole. Il tempo solare apparente, invece, varia nel corso dell'anno a causa dell'orbita ellittica della Terra e dell'inclinazione del suo asse.

Ci sono due principali cause di questa variazione:

- l'orbita ellittica della Terra: la velocità della Terra lungo la sua orbita non è costante; è più veloce quando è più vici-

na al Sole (perielio) e più lenta quando è più lontana (afelio). Ciò causa differenze nel tempo solare apparente;
- l'inclinazione dell'asse terrestre: l'asse di rotazione della Terra è inclinato rispetto al piano dell'orbita terrestre (eclittica). Questa inclinazione influisce sulla posizione del Sole nel cielo, causando ulteriori variazioni nel tempo solare apparente.

Anche l'orologio marino, detto anche cronometro marino, è uno strumento di precisione vitale per la navigazione marittima, che consente ai navigatori di determinare con esattezza l'ora in mare aperto e calcolare la longitudine. Deve mantenere una precisione estrema per evitare errori nella posizione della nave, resistendo alle condizioni del mare come temperatura, umidità e movimenti delle onde.

L'astrolabio nautico, invece, è una variante specifica dell'astrolabio tradizionale progettata per l'uso in navigazione marittima. Simile all'astrolabio standard, questo strumento è stato ampiamente utilizzato dai navigatori durante l'età dell'esplorazione e oltre per determinare la propria posizione in mare aperto.

Sempre in ambito nautico troviamo l'ottante, un antico strumento utilizzato dai navigatori per determinare l'angolo tra un oggetto celeste (come il Sole o una stella) e l'orizzonte. Questo era molto utile per calcolare la posizione della nave in mare aperto, essenziale per la navigazione marittima, e venne sostituito solo dal sestante, strumento di navigazione con una storia affascinante, che si ritiene sia stato inventato nel XVIII secolo da John Hadley e Thomas Godfrey, anche se concetti simili erano già conosciuti agli antichi greci e ai marinai arabi. Il sestante, usato per misurare l'angolo tra il Sole e l'orizzonte, noto come altezza, è stato fondamentale per determinare la posizione delle navi in mare e delle astronavi nello spazio. Ancora oggi, pur con strumenti più avanzati disponibili, rimane un affidabile strumento di backup per i navigatori.

Nelle prime missioni spaziali, il sestante ha avuto un ruolo cruciale nella navigazione celeste delle navicelle spaziali.

Ma allora... che cos'è un INS?

Mi possa la corte scusare la digressione, tuttavia era necessaria a comprendere l'importanza che hanno avuto queste invenzioni, per noi ora così obsolete, nell'evoluzione umana. Ma ritorniamo a spiegare il funzionamento dell'INS.

Il sistema di navigazione inerziale sfrutta sensori come accelerometri e giroscopi per monitorare movimento e rotazione insieme a un computer che elabora i dati per calcolare posizione, orientamento e velocità di un oggetto senza dipendere da punti di riferimento esterni.

L'INS offre indipendenza da riferimenti esterni una volta avviato, rendendolo utile in vari settori come aviazione e difesa.

Eppure, è soggetto alla deriva di integrazione, dove piccoli errori si accumulano nel tempo. Per migliorare la precisione, spesso viene integrato con altri sistemi di navigazione come il GPS. La teoria della stima, incluso il filtraggio di Kalman, un algoritmo che aiuta a stimare la posizione di un oggetto in movimento, come un'auto o un aereo, quando le misurazioni sono imprecise, fornisce un quadro per combinare informazioni da vari sensori e correggere gli errori.

A causa delle preoccupazioni sulla vulnerabilità del GPS, sia a livello civile che militare, sono stati fatti sforzi per ridurre la dipendenza da questa tecnologia. Gli INS, non dipendendo da segnali esterni, sono meno soggetti a interferenze e vengono quindi combinati con il GPS per migliorarne l'accuratezza, riducendo gli errori di posizione. Questa integrazione è diventata sempre più importante, specialmente in contesti critici.

I primi sviluppi dei sistemi di navigazione inerziale avvennero tra gli anni Venti e Trenta nell'ambito della ricerca missilistica.

Robert Goddard, pioniere americano della missilistica, fu uno dei primi a lavorare con sistemi giroscopici, suscitando interesse anche tra i pionieri tedeschi come Wernher von Braun. Questi sistemi divennero molto utilizzati con l'avvento dei veicoli spaziali, dei missili guidati e degli aerei di linea commerciali.

Dalle sperimentazioni di Goddard arriviamo poi agli anni Cinquanta, quando gli Stati Uniti volevano ridurre la dipendenza dai gruppi tedeschi sviluppando un programma nazionale di guida missilistica. Il MIT, Massachusetts Institute of Technology Instrumentation Laboratory, fu incaricato di creare un sistema di guida di backup autonomo per il nuovo missile balistico intercontinentale Atlas, nonostante l'originale pianificazione di usare sistemi di tracciamento e comando a Terra.

Nel 1952, i dottori Richard Battin e J. Halcombe "Hal" Laning, Jr., con la collaborazione di Charlie Bossart e Walter Schwidetzky, iniziarono a studiare soluzioni computazionali per la guida inerziale dell'Atlas. Il sistema Delta confrontava la posizione rispetto a una traiettoria di riferimento, ma le sfide nell'implementare una guida inerziale accurata portarono all'adozione del sistema Q-guidance. Presentato per la prima volta al Simposio Tecnico sui Missili Balistici nel 1956, il sistema Q rappresentò un notevole progresso nella guida missilistica.

Nel febbraio 1961, la NASA incaricò il MIT di condurre uno studio preliminare su un sistema di guida e navigazione per il Programma Apollo. In collaborazione con la Delco Electronics Corporation, divisione di General Motors, il MIT ottenne il contratto per progettare e produrre i sistemi di guida e navigazione Apollo per il modulo di comando e il modulo lunare.

La Delco realizzò le Unità di Misura Inerziale (IMU) per questi sistemi, mentre la Kollsman Instrument Corp. si occupò dei sistemi ottici e il computer di guida Apollo fu costruito dalla Raytheon. Lo Space Shuttle utilizzava una guida ad anello aperto, un tipo di sistema di controllo che non utilizza un meccanismo di feedback per correggere l'uscita del sistema in base all'ingresso desiderato. Invece, segue un percorso predefinito senza considerare il risultato effettivo delle sue azioni.

Tale approccio è spesso usato nelle fasi iniziali del volo di veicoli spaziali o aerospaziali, fino alla separazione dei Solid Rocket Booster (SRB) ma può essere limitato poiché non tiene conto delle variazioni nell'ambiente o nei parametri del veicolo. Dopo la separazione degli SRB, entrava in funzione il sistema di guida principale dello Space Shuttle, noto come PEG (Powered Explicit Guidance). Nonostante vari aggiornamenti, il nucleo del sistema di guida e navigazione dello Shuttle rimase sostanzialmente invariato.

Ma, data la presenza di un equipaggio a bordo, era essenziale avere un'interfaccia umana per il sistema di guida. Gli astronauti, come utenti finali del sistema, ricevettero addestramento specifico e furono coinvolti in numerosi team dedicati a GN&C, Guidance, Navigation and Control, che in italiano si traduce come Guida, Navigazione e Controllo. Questo termine si riferisce a un insieme di tecnologie e sistemi utilizzati per guidare, navigare e controllare veicoli spaziali, aerospaziali o anche veicoli terrestri avanzati come razzi, aerei, navicelle spaziali e droni, poiché rappresentava l'interfaccia principale per "pilotare" il veicolo. Gli INS contengono IMU con accelerometri angolari e lineari per monitorare i cambiamenti di posizione.

Alcune hanno anche giroscopi per mantenere un riferimento angolare. Un computer elabora costantemente i dati dell'accelerazione per calcolare velocità e posizione. L'uso nei missili Minuteman e nel Progetto Apollo ha stimolato lo sviluppo e la miniaturizzazione dei computer. Oggi, gli INS sono spesso combinati con sistemi di navigazione satellitare tramite filtri digitali per correggere gli errori nel tempo. La tecnologia ha fatto progressi significativi nel corso del tempo, ma esistono altri modelli avanzati.

Sempre nel progetto Apollo, che di certo ricorderete tutti, troviamo l'omonima piattaforma girostabilizzata cardanica, che utilizza tre anelli chiamati gimbal, montati con coppie di cuscinetti inizialmente ad angolo retto. Questo consente alla piattaforma di ruotare attorno a ogni asse di rotazione, mantenendo la sua posizione mentre il veicolo ruota attorno a essa.

Di solito, vengono installati due giroscopi per neutralizzare la precessione giroscopica, che è la tendenza di un giroscopio (si veda l'immagine 2 della sezione fotografica) a ruotare ad angolo rispetto a una coppia di ingresso. Montando due giroscopi ad angolo retto, con la stessa inerzia rotazionale e ruotando alla stessa velocità in direzioni opposte, le precessioni si annullano e la piattaforma può resistere alla torsione. Questo approccio permette la misurazione diretta degli angoli di rollio, beccheggio e imbardata di un veicolo. Tuttavia, richiede molte parti meccaniche di precisione, che possono risultare costose e soggette all'usura o al blocco.

Il sistema di guida principale dell'Apollo utilizzava una piattaforma girostabilizzata a tre assi, che inviava dati all'Apollo Guidance Computer. Le manovre dovevano essere attentamente pianificate per evitare il blocco dei gimbal.

Il blocco cardanico, noto anche come blocco giunto cardanico, è un fenomeno che si verifica quando tre giunti sono allineati in modo tale che i loro assi di rotazione formino angoli retti tra loro. Ciò può causare la perdita di un grado di libertà nel sistema, poiché la rotazione attorno a un asse può impedire la rotazione attorno a un altro.

Tale problema può essere critico in diverse applicazioni, come robot, aeromobili e veicoli spaziali, portando alla perdita di controllo del sistema e persino a incidenti. Esistono varie strategie per evitare il blocco, come l'uso di giunti con angoli di rotazione limitati o l'impiego di software per compensare.

I moderni sistemi di navigazione strapdown eliminano i gimbal, assicurando che i sensori siano ben fissati al veicolo stesso.

Permettetemi di illustrarvi le varie tipologie di giroscopi che conosciamo. Gli HRG, Resonant Hemispherical Gyroscope, sfruttano l'effetto della forza di Coriolis su una struttura risonante su un'onda stazionaria armonica sferica. Questi giroscopi, senza parti in movimento, offrono elevata precisione e affidabilità, trovando impiego in settori come i veicoli spaziali, nonostante il costo elevato.

I giroscopi a diapason, basati sulla teoria dinamica della forza di Coriolis, rappresentano una soluzione compatta e priva di parti mobili.

I sensori basati sui principi della magnetoidrodinamica (MHD) invece sfruttano l'interazione tra un campo magnetico e un fluido conduttivo per misurare le velocità angolari.

I giroscopi laser ad anello e quelli in fibra ottica sono sensori utilizzati per misurare la velocità angolare o la rotazione di un oggetto. Entrambi offrono precisione nelle misurazioni e trovano impiego in applicazioni come la navigazione inerziale e l'aviazione.

Gli accelerometri pendolari rilevano l'accelerazione tramite un pendolo sospeso, che si sposta in risposta alle forze cui è sottoposto.

Gli accelerometri ad anello aperto utilizzano un sensore di massa che si muove all'interno di un telaio aperto, misurando la forza esercitata su di esso.

Quelli ad anello chiuso, invece, impiegano un sensore di massa all'interno di un telaio sigillato, rilevando le variazioni di pressione o di forza esercitate dal movimento sull'involucro.

Il Programma Micro-PNT della DARPA sta creando chip TIMU, Timing and Inertial Measurement Unit, che integrano un orologio di temporizzazione ad alta precisione insieme a un sistema IMU comprendente giroscopi, accelerometri e magnetometri a tre assi. Questi chip permettono di tracciare la posizione in modo assoluto senza dipendere solo dal GPS, rendendoli utili in contesti dove questo è limitato o non disponibile. Tale tecnologia offre benefici significativi per una vasta gamma di applicazioni, tra cui sistemi di navigazione inerziale per veicoli autonomi, dispositivi indossabili e robotica.

Gli INS possono essere soggetti a vari errori che influenzano la precisione del sistema, derivanti principalmente dagli accelerometri, dai giroscopi e dagli errori di allineamento iniziale. Tra i tipi di errori più comuni ci sono il rumore, gli errori di scala, i bias e la non ortogonalità dei sensori. Per comprendere come questi errori si propagano nel tempo, possiamo esaminare due modelli statistici: il modello di Gauss-Markov e il modello di Wiener. Questi modelli forniscono una struttura per valutare l'accumulo degli errori nel tempo.

Per ridurre tale accumulo negli INS, vengono utilizzate diverse tecniche, tra cui il filtro di Kalman, che stima la posizione e la velocità del veicolo in modo più preciso. Altre tecniche includono la calibrazione periodica dei sensori e l'utilizzo di dati da altri sistemi di navigazione, come il GPS. L'accumulo di errori può avere conseguenze significative sulla precisione e sull'affidabilità del sistema di navigazione, tra cui la riduzione della precisione, la divergenza della posizione e la perdita di affidabilità. È importante comprendere questi effetti e adottare misure adeguate per mitigarli.

Concedetemi ancora qualche minuto per precisarvi che lo spazio è una parola cruciale per la mia difesa. Ricordate quel piccolo drone giocattolo? Ebbene si muove in uno spazio definibile come la vastità senza confini che racchiude ogni entità materiale.

Gli esempi pratici dell'utilità dei sistemi di navigazione inerziale si evidenziano nei viaggi aerei e marittimi. Nell'aviazione commerciale, questi guidano gli aerei stabilendo rotte sicure e precise, specialmente in condizioni meteorologiche avverse o senza segnale GPS, garantendo un controllo continuo e la possibilità di correzioni di rotta. Nella navigazione marittima, sono fondamentali per tracciare rotte oceaniche e mantenere la stabilità della nave. In entrambi i casi, i sistemi di navigazione inerziale contribuiscono alla sicurezza e all'efficienza dei viaggi.

Anche la nostra amata Terra è un oggetto che si sposta nello spazio a velocità incredibili.

Per esempio, la velocità tangenziale dovuta alla rotazione terrestre all'equatore è di ben 1670 chilometri orari. Però, varia a seconda della latitudine. Infatti, ai poli, è nulla, invece alle altre latitudini è proporzionale al coseno dell'angolo di latitudine.

Nella sua orbita intorno al Sole la Terra raggiunge una velocità media di circa 29,78 chilometri al secondo, che può variare in base alla posizione della Terra lungo la sua orbita ellittica, secondo la legge delle aree di Keplero.

Invece, il movimento di precessione dell'asse terrestre non ha un'effettiva velocità lineare associata nel senso tradizionale, poiché si tratta di un cambiamento graduale nell'orientamento dell'asse. Tuttavia, è possibile considerare una velocità angolare associata a questo movimento e in alcuni casi i dati saranno tenuti in considerazione.

Quando le navicelle spaziali lasciano l'orbita terrestre per avventurarsi nello spazio profondo, questa velocità diventa essenziale. In quei vasti e vuoti spazi, è vitale avere sistemi di riferimento e di navigazione inerziale affidabili. Il malfunzionamento di tali apparecchiature potrebbe portare al fallimento della missione. Pertanto, mentre la velocità orbitale della Terra potrebbe sembrare un dettaglio insignificante nella nostra vita di tutti i giorni, per le missioni spaziali è un elemento fondamentale che non può essere trascurato.

Prima di concludere esaminiamo delle situazioni in cui l'uso di sistemi di navigazione inerziale è indispensabile anche sulla Terra.

Nello spazio infinito, ogni oggetto in movimento si trova in un ambiente senza riferimenti fissi. La relativa mobilità presenta sfide particolari per la navigazione a causa dell'effetto Coriolis.

Come le affrontano, per esempio gli aerei commerciali che attraversano lunghe distanze?

Lasciate che vi spieghi quale insidia comporta la rotazione terrestre per un aereo che percorre migliaia di chilometri. Il velivolo dovrà tener conto dell'effetto Coriolis, una deviazione apparente dovuta proprio alla rotazione della Terra. Il fenomeno provoca una sottile inclinazione verso est o ovest per gli spostamenti verso nord o sud, rispettivamente. Sebbene poco evidente su brevi tratte, diventa significativo nei voli di lunga distanza.

I piloti, però, conoscono i segreti della navigazione aerea, quindi integrano l'effetto Coriolis nei loro piani di volo, utilizzando strumenti sofisticati come l'INS. Questo dispositivo fornisce dati precisi sulla posizione e l'orientamento dell'aereo senza dipendere da segnali esterni, grazie all'uso di giroscopi e accelerometri che compensano l'effetto Coriolis.

Attenzione, sfide simili riguardano anche la navigazione marittima di lunga distanza, nella quale l'effetto Coriolis gioca un ruolo importante. Le navi devono considerare questa deviazione nella pianificazione della rotta oceanica e utilizzano strumenti come l'INS e il GPS per mantenere una rotta precisa durante i viaggi transoceanici.

L'effetto Coriolis, nemico invisibile per le rotte, è un fattore cruciale da considerare sia in aria che in mare. Pur avendo un impatto maggiore sulle lunghe distanze, grazie alle moderne tecnologie di navigazione, è possibile compensare l'effetto e garantire la sicurezza dei viaggi aerei e marittimi.

In conclusione, sarà evidente anche a voi che l'evoluzione dei trasporti e della tecnologia è strettamente legata alla scienza del moto e alla sua comprensione. Sia i più semplici giocattoli sia gli strumenti di uso professionale, come i droni, e perfino gli smartphone che usiamo quotidianamente integrano tecnologie derivate dallo studio del moto.

Gli accelerometri nei telefoni consentono funzioni come la modalità "non disturbare". Quando mettiamo, per esempio, il telefono a schermo in giù, o la rilevazione della tasca, il cellulare "capisce" che è stato riposto e si comporterà secondo gli ordini impartiti dal menu funzioni. Questi esempi dimostrano come le scoperte scientifiche abbiano un impatto diretto sulla nostra vita. È importante ricordare che dietro le comodità ci sono anni di ricerca e studio.

Anche se molte di queste innovazioni sembrano lontane dalla nostra routine, è fondamentale riconoscere il legame tra la scienza e la vita quotidiana. Il bambino che gioca con un drone potrebbe non rendersi conto della complessità e della ricerca dietro il suo nuovo passatempo, ma la sua curiosità potrebbe portarlo a fare scoperte sorprendenti in futuro.

Questo è il cuore della questione: la continua ricerca scientifica che porta a miglioramenti tangibili nella nostra vita. Si chiama Progresso.»

Terminato di parlare, l'avvocato Bordignon tornò a sedere, estrasse dalla tasca della giacca un fazzoletto di colore grigio dai bordi triangolari e prese a pulirsi gli occhiali. Sul volto un sorriso malcelato lasciava capire che ancora una volta ci era riuscito, ancora una volta aveva attirato l'attenzione della corte e del pubblico, li aveva conquistati. In effetti, la sua non era l'illusione di un vanesio: durante tutta l'arringa l'aula fu abitata da un silenzio quasi sovrumano, a un tratto parve che anche i motori dei condizionatori e le vecchie panche si fossero fermati ad ascoltarlo. Subito dopo, quando ebbe finito, nell'aula il brusio si riaccese e divenne anche più fitto, così come più irrequiete divennero le occhiate che i membri dell'accusa si scambiarono, come a dire «non possiamo permetterci di perdere così!» e contrattaccarono, ma non con la stessa verve mostrata nella prima arringa. Qualcosa cominciava a rompersi, il difetto sulla lente iniziava a essere evidente.

La strana vicenda di un trapano sulla Luna

Ore 12.30

Fu nuovamente il turno della difesa, stavolta rappresentata da Nicola Mari. Il Mari non era solo un brillante e giovane avvocato, dalla sua aveva la fortuna di essere il nipote del famoso geologo e astronauta suo omonimo. Per anni era cresciuto ascoltando le storie del nonno, delle difficoltà che aveva dovuto affrontare sulla Luna a più di 400.000 chilometri di distanza dalla Terra, e di tutte le importanti scoperte e innovazioni che le missioni Apollo avevano restituito al genere umano. Viste le reazioni suscitate dalle parole del collega Bordignon, e conscio della fama leggendaria di cui godeva suo nonno, decise di impostare la strategia difensiva chiamando a testimoni proprio quei racconti che aveva ascoltato da bambino. Si alzò in piedi, era un giovane magro e solare con lo stesso guizzo nello sguardo del giocatore di scacchi che ha capito come vincere la partita. Anche lui, come il collega prima, si fermò un istante: tra i tanti racconti era necessario scegliere il migliore, il più assurdo, il più a effetto. Si voltò a guardare il fastidioso condizionatore, notò che le viti erano allentate, sorrise, l'aveva trovato.

Fece appello alla memoria e cominciò.

«Signor presidente, vorrei avanzare una richiesta alla corte. Dal momento che l'uomo costruisce se stesso e la società oscillando tra storia e memoria, mi piacerebbe fare riferimento proprio a questa e raccontare di mio nonno che all'età di trent'anni partecipò come geologo alla missione Apollo 15 del 1971.»

A quelle parole il pubblico ministero si oppose con veemenza, ma il presidente bruscamente sentenziò: «Richiesta accolta» e l'avvocato Mari poté cominciare.

«Il paesaggio alieno e dai colori spettrali si rivelò dinanzi ai suoi occhi una volta che il portello del modulo lunare fu aperto. Era passata circa un'ora e mezza dall'allunaggio, e mio nonno insieme agli altri due astronauti che componevano l'intera squadra della missione Apollo 15 era in trepidazione. Scoprire cosa gli avrebbe riservato la superficie di un mondo ancora in buona parte sconosciuto al genere umano era un privilegio per pochi. Da buon geologo, si sentiva ancor più in fermento per il fatto di poter finalmente camminare su un corpo extraterrestre. Chissà quante formazioni geologiche diverse dalla Terra avrebbe visto, quanti crateri d'impatto avrebbe percorso e quanti campioni di lava avrebbe raccolto.

E sì, lava. Proprio così. Infatti, sapeva benissimo che la Luna è composta soprattutto da lava di composizione basaltica. Essenzialmente, una roccia silicea di colore nero, dovuto all'alta presenza di minerali che contengono magnesio e ferro, i cosiddetti "mari" della Luna, ovvero le aree più scure del nostro satellite. Tuttavia, molta della crosta lunare è di colore bianco: queste sono le "terre", ovvero altipiani di rocce magmatiche – dette "anortositi" – con una grande quantità di un minerale bianco, il "plagioclasio".

Rocce molto dure, pensava mio nonno. Speriamo di riuscire a prelevare qualche campione con questo nuovo trapano speciale.

L'Apollo Lunar Surface Drill (ALSD, si veda l'immagine 3a della sezione fotografica) era stato portato con gli astronauti in quella missione per cercare di prelevare rocce "chimicamente intatte" derivanti dall'interno degli ammassi rocciosi. Al fine di poter ottenere informazioni più precise sulla formazione ed evoluzione del satellite, era necessario penetrare con l'ALSD ben all'interno della roccia, fino a tre metri di profondità, dove essa non era stata alterata dall'ambiente circostante. Così avrebbero raccolto dati più significativi rispetto alle missioni precedenti. Inoltre, nei fori che si sarebbero creati nelle rocce avrebbero potuto installare dei rilevatori di temperatura, per capire di più sull'interno della Luna.

Il movimento della rampa di metallo che si attivò per farli scendere distolse mio nonno dai suoi pensieri.

Uscito dal modulo, nonno Mari mosse i primi passi sulla Luna. Non aveva parole per descrivere tale meraviglia. Per qualche minuto, fu come dimenticarsi di respirare. Era troppo estasiato.

Ogni astronauta indossava un'ingombrante tuta spaziale, per proteggersi dagli elementi ostili dell'ambiente lunare, e dai raggi cosmici. Notarono il Sole che illuminava il paesaggio del satellite con una luce cruda e implacabile. A ogni loro passo, una polvere grigia e fine si sollevava sotto gli stivali. Si sentivano come degli intrusi in un regno che non era loro, ospiti indesiderati di un mondo senza pietà. Ma la determinazione era sempre uguale.

Avanzarono a passo sicuro, portando con sé il peso della storia e delle aspettative di milioni di persone sulla Terra.

Il nonno vide i colleghi che iniziavano a sistemare gli strumenti per la missione, tra cui il primo rover lunare che avrebbero guidato tra i crateri. Allora pensò di tornare subito al modulo per prendere il trapano.

Dal punto di vista geografico, si trovavano vicini all'Hadley Rille, un lungo solco sinuoso vicino a un grosso cratere di lava basaltica, con le montagne circostanti che si stagliavano come guardiani silenti di un mondo antico e inospitale.

Prese l'ALSD e si mosse verso una superficie di un colore particolarmente scuro. L'occhio da geologo gli diceva che era di sicuro un'antica colata lavica lunare, quindi ottima da prelevare per ottenere informazioni sull'evoluzione della Luna.

Si avvicinò al punto di interesse, afferrò in modo saldo il trapano con entrambe le mani e...

Non successe nulla.

Il cavo elettrico che doveva dare energia al trapano stava per terra, inerte, come un serpente dormiente sulla superficie lunare. L'estremità del cavo non era collegata a nulla. E fu in quel momento che si rese conto di una cruda verità.

Sulla Luna non ci sono prese elettriche.»

L'avvocato Nicola Mari intervenne.

«Quella che avete appena ascoltato è la prima di una serie di aneddoti fittizi che mio nonno usava raccontarmi per farmi capire come la necessità di esplorare lo spazio ha influito sul progresso tecnologico. Certo, anche io come voi adesso ridevo quando mio nonno mi diceva che sulla Luna non c'erano prese elettriche, e pensate che a quel tempo gli smartphone non erano neppure immaginabili!

Gli strumenti senza fili non sono esistiti da sempre. Sono invece stati il risultato di una lunga serie di avanzamenti nella tecnologia, spinti dal richiamo delle missioni Apollo.

Tutti gli strumenti tecnologici negli anni Sessanta facevano ancora uso di cablaggi elettrici. Ferri da stiro, aspirapolvere, frullatori elettrici, lampade, radio, e molti altri strumenti di uso quotidiano, a differenza di oggi, potevano essere alimentati soltanto tramite cavi elettrici. Proprio il trapano, per esempio, era normalmente alimentato da un cavo elettrico che generava la potenza necessaria ad azionare la punta dello strumento.

Ma qualcuno stava già sperimentando qualcosa di innovativo. In particolare, un'azienda chiamata Black & Decker.

Alonzo Decker, assieme a suo cognato Duncan Black, fondò la Black & Decker nel 1910. I due avevano appena milleduecento dollari, ma riuscirono comunque ad aprire una rivendita di macchinari a Baltimora, distribuendo all'inizio soltanto macchine per l'imbottigliamento del latte. Alonzo Decker, tuttavia, aveva pensato a qualcosa di più. In quegli anni, mentre venivano installate le controfinestre, ovvero finestre di supporto esterne, gli operai dovevano collegarsi alle prese di corrente all'interno delle abitazioni per utilizzare gli utensili necessari. Il processo era molto scomodo e poco pratico. Decker sapeva di essere sulla strada giusta per una nuova innovazione tecnologica: pensò che sarebbe stato più semplice utilizzare uno strumento senza fili per installare le controfinestre.

Fu nel 1917 che la Black & Decker iniziò, quindi, a brevettare il primo trapano elettrico portatile, con un'impugnatura a pistola. Nel 1951, i due fondatori dell'azienda arrivarono a distribuire il milionesimo trapano a uso domestico. Fino a giungere, nel 1961, allo sviluppo del primo trapano alimentato con una batteria al nickel-cadmio. Tuttavia, questi primi strumenti cordless erano poco potenti e avevano diversi problemi.

Ma definiamo meglio cosa si intende per strumento cordless. Il termine cordless è in genere utilizzato per fare riferimento a dispositivi elettrici alimentati da una batteria come alimentazione, quindi in grado di funzionare senza un cavo collegato a una presa elettrica. In tal modo, si ottiene una maggiore mobilità. Non deve, però, essere confuso con il termine wireless, anche se spesso lo è nell'uso comune. Infatti, alcuni dispositivi, per esempio i telefoni senza fili, sono anche wireless, e questo può generare confusione. Ma vi è una differenza sostanziale. Il termine wireless può riferirsi anche a dispositivi che utilizzano una forma di energia che serve per trasferire informazioni lungo una distanza senza l'uso di fili di comunicazione, a prescindere dal fatto che il dispositivo riceva l'alimentazione da un cavo o da altre fonti.

In quegli stessi anni, in particolare verso la fine degli anni Sessanta, la NASA iniziava a pensare sul serio alla Luna. A parte lo stupore e la meraviglia di veder camminare esseri umani su un corpo extraterrestre per la prima volta, però, ciò di cui la scienza aveva davvero bisogno erano dei campioni geologici della Luna. Infatti, tutta la storia riguardo la formazione, l'evoluzione e i processi cosmici che avevano plasmato il nostro satellite, e che avevano intrinsecamente aiutato la vita a prosperare sulla Terra, risiedevano lì. Scritti nella chimica dei minerali presenti tra le rocce lunari. Quello che interessava alla NASA erano proprio quelle colate di lava eruttate sulla Luna, per via di impatti asteroidali catastrofici avvenuti miliardi di anni fa, che hanno formato quasi tutti i crateri lunari che possiamo osservare oggi fissando la Luna anche a occhio nudo. Puntando l'occhio verso la Luna, infatti, notiamo delle regioni più chiare (le "terre") e altre più scure (i "mari"). È stato un susseguirsi di impatti avvenuti con grossi asteroidi, nel passato, che hanno fatto fuoriuscire magma dal mantello lunare e hanno formato queste enormi depressioni scure sulla Luna. Quei campioni di lava contenevano informazioni uniche. Ma come fare per campionare lava sulla Luna?

Sulla Terra, una missione di campionamento geologico è relativamente semplice. Infatti, si hanno a disposizione diversi utensili, anche molto pesanti, per trivellare la roccia e riuscire ad accedere a parti intatte e incontaminate della stessa. Indispensabili per accurate analisi di laboratorio, le rocce terrestri, infatti, si alterano con rapidità per via di diversi processi atmosferici e biochimici.

Sulla Luna, la superficie si altera in maniera meno veloce della Terra, ma nei miliardi di anni passati dalla formazione dei mari lunari l'influenza dell'alterazione ambientale, dovuta soprattutto a impatti di micrometeoriti che giungono dallo spazio – poiché la Luna non ha una spessa atmosfera tale da fermare e disintegrare queste particelle prima che esse raggiungano la regolite, ovvero il suolo lunare – è stata sostanziale. A parte i micrometeoriti, la Luna è un ambiente ostile anche per via di dosi eccessive di raggi cosmici e plasma derivante dal Sole.

Tuttavia, prelevare campioni di lava inalterati dall'ambiente lunare si era fin da subito rilevato un grosso problema. Uno di quei problemi che sembravano davvero senza soluzione. Sulla Luna, infatti, non vi erano prese elettriche utilizzabili per alimentare un trapano o un perforatore che funzionasse a corrente elettrica. Purtroppo, però, era quello l'unico modo per poter penetrare dentro la roccia, alla profondità necessaria per ottenere un campione incontaminato.

Sulla Luna, la prima presa di corrente utile per alimentare un utensile meccanico risiedeva a un quarto di milione di miglia di distanza. Ovvero, sulla Terra.

Nelle prime missioni Apollo che eseguirono con successo un allunaggio, l'agenzia spaziale americana pianificò il campionamento di lava lunare tramite delle pinze e palette. Utili a campionare solamente delle particelle di regolite superficiali.

Ma ciò non bastava. Le analisi di laboratorio condotte su quel materiale basaltico non potevano mai essere accurate. Serviva per forza prelevare un campione geologico situato in profondità negli ammassi rocciosi del satellite. In modo da essere puro e inalterato.

La NASA era in crisi. Era riuscita a portare l'uomo sulla Luna, ma non riusciva a trovare un modo di attaccare una presa di corrente per far funzionare un trapano.

Fu così che, un giorno, la NASA si accorse dell'esistenza della compagnia Black & Decker. Notò, in particolare, come essi stessero cercando di sviluppare attrezzi meccanici che funzionassero senza la necessità di rimanere attaccati con un cavo di corrente a una presa elettrica.

Era proprio ciò che l'agenzia spaziale americana stava cercando! Ce l'avrebbero fatta! Avrebbero potuto trovare il modo di far funzionare un trapano sulla Luna, senza aver bisogno di fili elettrici. Avrebbero così potuto campionare la Luna a un livello più profondo e scoprire i veri misteri che essa celava.

La NASA si alleò quindi con la Black & Decker, sviluppando un trapano portatile. Era nato l'Apollo Lunar Surface Drill (ALSD), da portare a bordo della futura missione Apollo 15.

Ma, per tornare a mio nonno, riprendiamo il nostro racconto... Prese l'ALSD e si mosse verso una superficie di un colore particolarmente scuro. L'occhio da geologo gli diceva che era di sicuro un'antica colata lavica lunare, quindi ottima da prelevare per ottenere informazioni sull'evoluzione della Luna.

Si avvicinò al punto di interesse, afferrò in modo saldo il trapano con entrambe le mani e... dannazione! Il trapano non "scava" abbastanza nella roccia!

Non vi è una potenza tale da riuscire a penetrare dentro l'ammasso roccioso. Il problema sembra essere legato alla gravità. La gravità della Luna – circa un sesto di quella terrestre – è troppo lieve per far sì che la punta dell'ALSD possa roteare abbastanza veloce, tanto da scavare nella roccia basaltica. La missione è fallita.»

L'avvocato Mari si guardò intorno poi riprese la parola.

«La NASA, durante le prime riunioni con la Black &

Decker, si accorse subito che, per quanto innovativi potessero sembrare gli strumenti di quella compagnia, mancava ancora qualcosa di fondamentale per "migliorare" tali attrezzi portatili, in modo da renderli utilizzabili nell'ambiente spaziale.

La Luna, infatti, non aveva le stesse proprietà fisiche della Terra. La gravità, per esempio, era del tutto differente. Come anche le condizioni di temperatura (estremamente fredda) e l'assenza di atmosfera.

Vi era quindi un ulteriore puzzle da risolvere. Qualcosa che sulla Terra non era mai stato perfezionato fino a quel punto. Una sfida nuova, sia per la NASA che per la Black & Decker. Ma, col supporto della grande agenzia spaziale americana, la Black & Decker non aveva nulla da temere: avrebbe trovato un metodo innovativo per far funzionare un trapano cordless in una modalità ad alta energia. Quella che serviva per innescare la giusta forza di rotazione nella punta dello strumento, anche a gravità bassa.

Fu così che, lavorando sodo con la NASA, la Black & Decker riuscì a sviluppare un trapano compatto speciale a batteria che potesse essere utilizzato per recuperare campioni di suolo fino a tre metri sotto la superficie della Luna. Oltre alla natura senza fili del trapano, lo strumento fu ideato anche per resistere alle temperature estreme e alle condizioni di assenza di atmosfera.

Il trapano – poi battezzato ALSD, come detto in precedenza – aveva anche altre importanti caratteristiche che lo rendevano adatto a una missione spaziale: era progettato per essere leggero e facile da trasportare sulla superficie del satellite ed era abbastanza robusto da operare in un ambiente spaziale e affrontare le sfide della regolite lunare.

Ma avrebbe funzionato? Numerose furono le procedure di test del nuovo trapano a batteria speciale. Per testarlo a gravità zero, senza dover andare sulla Luna, la NASA fece esercitare gli astronauti immersi in un'enorme vasca ripiena d'acqua. In questo modo, si simulava la gravità dell'ambiente e, quindi, si poteva subito testare e osservare in modo diagnostico come sarebbe stata la rotazione della punta del trapano sul satellite.

Ogni cosa sembrava funzionare alla perfezione. Era tutto pronto per il campionamento della Luna nella missione Apollo 15, quindi come mai mio nonno, nel suo racconto, non riusciva a spezzare le rocce lunari?»

L'avvocato Mari, sistemandosi la cravatta proseguì.

«Mio nonno prese l'ALSD e si mosse verso una superficie di un colore particolarmente scuro. L'occhio da geologo gli diceva che era di sicuro un'antica colata lavica lunare, quindi ottima da prelevare per ottenere informazioni sull'evoluzione della Luna.

Si avvicinò al punto di interesse, afferrò in modo saldo il trapano con entrambe le mani e… la punta del trapano ruota! Ruota velocissimo! Sì, ma… molto veloce! Subito dopo aver azionato il trapano, infatti, avvertì che la quasi assenza di gravità lunare rispetto alla Terra genera qualcosa di davvero imprevisto: la rotazione stessa del trapano stava facendo ruotare anche l'astronauta-geologo! Tutto girava intorno a lui, compresa la sua testa. Gridava: "Aiuto!". Sentiva le sue mani perdere la presa sul trapano, non riusciva a trattenersi.

Venne sparato in aria, molto lontano, per via della gravità lunare.

La missione è fallita.»

L'avvocato si alzò e precisò: «Durante i test dell'ALSD, la NASA si accorse di un altro grosso problema. Un problema che stavolta riguardava non solo la corretta procedura di prelievo dei campioni lunari, ma anche la vita stessa dell'equipaggio della missione.

La rotazione del trapano, durante l'operazione di "scavo", unita alla bassa gravità, era tale da far scaraventare l'astronauta nello spazio, facendolo roteare assieme al trapano.

Come fare, quindi, per risolvere questo ulteriore problema?

Serviva un'ultima intuizione innovativa. Una di quelle che avrebbe ancor di più rivoluzionato l'uso degli strumenti senza fili.

La NASA riuscì ad arrivare a una soluzione, grazie all'aiuto non solo della Black & Decker ma anche della Martin Marietta Corporation. Assieme, queste grosse aziende svilupparono il metodo definitivo per campionare la Luna con un trapano cordless, in modo perfettamente efficiente.

Quello che idearono fu una "pistola di torsione" con un impatto di rotazione uguale a zero. In pratica, un utensile elettrico progettato per generare un elevato sforzo di torsione con un minimo sforzo da parte dell'utente, immagazzinando energia in una massa rotante e poi trasferendola all'improvviso in uscita.

Era con esattezza ciò che la NASA stava cercando. Questo sistema avrebbe migliorato in maniera definitiva l'ALSD per perfezionare il campionamento della lava lunare.

E andò a buon fine. Lo strumento definitivo venne utilizzato non solo nella missione Apollo 15, ma anche nella successiva missione Apollo 16 e Apollo 17. In particolare, l'ultima missione del Programma Apollo vide giungere sulla Luna il geologo Harrison Schmitt (si veda l'immagine 3b della sezione fotografica), ultimo a utilizzare l'ALSD per prelevare campioni di lava basaltica sul satellite e, di fatto, molto più esperto dei precedenti astronauti nella scelta dei punti di campionamento.»

L'avvocato Mari specificò: «Qui mio nonno sorrideva alle mie proteste affinché mi raccontasse la storia, quella vera». *Poi continuò l'arringa.*

«Prese l'ALSD e si mosse verso una superficie di un colore davvero scuro. L'occhio da geologo gli diceva che era di sicuro un'antica colata lavica lunare, quindi ottima da prelevare per ottenere informazioni sull'evoluzione della Luna.

Si avvicinò al punto di interesse, afferrò in modo saldo il trapano con entrambe le mani e... il trapano scava alla perfezione nella roccia lunare. E può utilizzarlo in maniera corretta e stabile. Fantastico!

Passò il resto della missione a campionare i punti di interesse attorno all'Hadley Rille, ogni tanto soffermandosi a fissare il paesaggio alieno che aveva di fronte, e la Terra in bella vista.

La missione è stata un successo. Finalmente.»

Così l'avvocato Mari riprese a parlare degli anni Settanta negli USA.

«Dalla Luna alla Terra. Dallo spazio al miglioramento della vita sul nostro pianeta. Grazie alle missioni Apollo, gli strumenti cordless si perfezionarono come non mai, con importantissime ripercussioni sia in ambito lavorativo e domestico sia in campo medico.

Innanzitutto, la Black & Decker ha introdotto quella tecnologia, nata grazie alle missioni Apollo sul mercato, in molti altri utensili cordless per uso commerciale e domestico, tra cui il primo miniaspirapolvere portatile, chiamato Dustbuster. Proprio il Dustbuster venne ideato come spin-off inaspettato, nel 1979, a partire dallo sviluppo dello stesso trapano rotante per estrarre campioni lunari dove era stato necessario sviluppare un motore che potesse funzionare efficientemente con una potenza minima. Il motore leggero e ad alta velocità fu quindi necessario per alimentare l'aspirapolvere senza fili. Ma non solo.

Nacquero anche le tagliasiepi cordless, e non solo: avvitatori elettrici, ferri da stiro, frullatori elettrici, lampade, radio. Insomma, fu una vera rivoluzione tecnologica in quasi ogni ambito. Ma uno dei campi più importanti, dove gli strumenti cordless lasciarono un'impronta sostanziale fu quello medico e chirurgico. La batteria leggera ideata per le missioni spaziali fu utilizzata per sviluppare strumenti medici cordless di precisione, progettati per rendere le operazioni più facili per i chirurghi e più sicure per i pazienti. L'innovazione era stata nel progettare un metodo per ottimizzare il consumo di energia del motore di tali strumentazioni mediche, che ha successivamente fornito una base per continuare lo sviluppo di utensili e apparecchi alimentati a batteria.

Fu così che in campo medico e chirurgico si svilupparono: trapani chirurgici senza fili utilizzati per eseguire fori durante interventi ortopedici, neurochirurgici e facciali; aspiratori chirurgici senza fili utilizzati per la rimozione sicura di fluidi e tessuti durante le operazioni; elettrobisturi senza fili utilizzati per tagliare e coagulare tessuti durante interventi chirurgici; endoscopi senza fili utilizzati per esplorare e visualizzare l'interno del corpo senza la necessità di cavi di alimentazione; sistemi di aspirazione e lavaggio senza fili; sistemi di perforazione delle ossa senza fili. Solo per citarne alcuni.

Insomma, il primo passo dell'uomo sulla Luna si rivelò essere davvero un grande passo per l'umanità.

Quel trapano elettrico senza fili che avete regalato a vostro padre anni fa è ora riposto inutilizzato nel garage. Sebbene possa sembrare banale oggi, gli strumenti senza fili hanno rappresentato un'invenzione cruciale per i viaggi spaziali.

Anche se la NASA non è stata la diretta inventrice del trapano elettrico senza fili, la collaborazione con Black & Decker ha contribuito significativamente allo sviluppo di molti degli utensili che utilizziamo oggi. Un contributo, che nasce dalla nostra innata voglia di conoscere, dal desiderio primordiale di toccare con mano la Luna, dalla ricerca incessante di una risposta ai misteri dell'universo.»

Quando sembrava che avesse concluso, il giovane avvocato Mari tornò a guardare la vite allentata, che con il suo ticchettio sembrava scandire le ore: un metronomo di fortuna, intento a seguire lo spartito della giustizia. Si rivolse al pubblico presente in aula e disse: «Ah, quasi dimenticavo! Quella vite è allentata e forse quando a breve ci sarà la pausa pranzo qualcuno, magari un vostro amico o parente» *indicò i presenti* «che si occupa di manutenzione e riparazione dei condizionatori, si recherà in quest'aula e proprio con un avvitatore elettrico, in pochi istanti, restituirà alla vite la sua giusta collocazione e a noi una tregua dal fastidioso rumore. Bene, se ciò accadrà, da ora saprete chi ringraziare».

Questa volta aveva concluso per davvero, tornò al suo posto, chinò il capo e chiuse gli occhi. Cercò, in quell'istante, tra i cespugli della memoria il volto del nonno, gli apparve in un'immagine sfocata, il tempo aveva cannibalizzato il ricordo dei dettagli, tutti, eccetto che per gli occhi. Nicola li riconobbe subito, erano i suoi; ne cercò lo sguardo, per chiedergli in silenzio: «Sei fiero di me?». Si specchiarono l'uno nell'altro, passato nel presente, luce nella luce, come la Terra che guarda la Luna e vede se stessa. Il nonno annuì e con le labbra stropicciate dalla vecchiaia sorrise, prima di sparire.

Nello stesso momento l'avvocato Mari aprì gli occhi, mise la mano nella tasca della giacca, ne estrasse un fazzoletto, e senza che nessuno potesse accorgersene, si prese cura del ricordo: era una lacrima.

Il giudice più anziano, alle parole dell'avvocato Mari, scorciò leggermente la manica sinistra della toga alla ricerca dell'orologio, che però non c'era; si accorse allora, con sua grossa sorpresa, di averlo indossato al polso sinistro quella mattina e non seppe darsi una spiegazione. Controllò l'ora e notò che le lancette segnavano le tredici in punto. Guardò per un istante i colleghi, non ci fu bisogno di parlare, tutti acconsentirono.

Il giudice avvicinatosi al microfono disse: «Facciamo una pausa. Riprenderemo alle 15».

Guardare Netflix dal divano di casa, passando per la Luna

Ore 15

All'ora stabilita tutti rientrarono in aula. Con grande stupore e un pizzico di gioia dovettero constatare che la vite era stata effettivamente sistemata. Un doppio punto per la difesa, dal momento che, oltre a far sparire quel rumore incessante, il semplice intervento di manutenzione sembrava aver restituito al condizionatore una forza nuova e ora, felice, soffiava una leggera brezza, della quale i presenti furono grati, persino gli avvocati dell'accusa.

Quando fu il loro turno gli avversari della difesa, tutt'altro che rabboniti dalla cosa, si lanciarono in una discussione accesa e dai toni audaci, ma le parole si muovevano a tentoni, confuse, come un ubriaco in un vicolo spento senza luci, né stelle; e forse le loro menti erano davvero ubriache. L'avvocato Mari li aveva costretti a bere un liquore amaro, di quelli che fanno bruciare la gola e gli occhi: una dose di verità, miscelata a dovere con la scienza e la spaventosa e ma-

gnifica avventura di essere il genere umano, coraggioso nella sua fragilità: il peggiore dei liquori per chi è astemio dai sogni e dalla verità.

Quando il giudice diede di nuovo la parola alla difesa, dal banco si alzò un ragazzo dal sorriso sornione, che tutto sembrava essere fuorché un avvocato. La giacca sportiva, la camicia, un capo d'abbigliamento così odiato dal nostro, che, quando si riferiva a essa, non mancava mai di aggiungere «di forza». Per lui non esistevano solo camicie, tutte erano «camicie di forza»; la portava sbottonata in prossimità del colletto, e la cravatta, beh, semplicemente non esisteva, non c'era! Forse, l'unica cosa che più odiava delle «camicie di forza» erano proprio le cravatte. In effetti Stefano Maraggi era diventato avvocato, perché il nonno era avvocato e dopo di lui suo padre e poi suo fratello erano diventati avvocati; perciò, quando venne il suo turno di prendere posto al tavolo degli adulti, il suo percorso era già stato deciso. Le reali passioni di Stefano erano altre, però, come tutte le passioni, impossibili da sopprimere. Per la precisione esse erano tre: la storia, la fotografia e l'informatica. Perciò nel corso degli anni, all'insaputa della famiglia, aveva seguito corsi di storia, sostenuto esami di informatica e partecipato a workshop di fotografia. Tra gli amici-colleghi c'era chi lo biasimava, ritenendo inutili sprechi di tempo e di risorse le sue «stravaganze». Questo rappresentavano per loro, non una lente d'ingrandimento sul mondo, solo «stravaganze». Eppure, in un'epoca in cui le ore valevano più degli attimi, dove il tempo era denaro e non apparteneva più agli uomini, Maraggi aveva compiuto una scelta coraggiosa: riprendersi quel tempo, farlo proprio, consapevole che, al momento giusto, il destino gli avrebbe dato ragione, ma ignaro del fatto che quel tempo era appena arrivato. Nei giorni precedenti al processo aveva partecipato a un seminario dal titolo «Guerra fredda: storia di muri e di infiniti spazi», dove aveva avuto modo di ascoltare un intervento sull'impatto che il conflitto tra Stati Uniti e Unione Sovietica aveva avuto sulla società, sia sul piano culturale che tecnologico. Lo aveva molto apprezzato e perciò decise che per la sua arringa difensiva sarebbe partito proprio da lì, dall'inizio di quel conflitto. Si tolse la giacca, la lasciò cadere incurante sulla sedia alle sue spalle e prese a raccontare.

«Signor presidente, illustrissime e illustrissimi membri della corte, se quanto detto dai miei colleghi in precedenza non fosse abbastanza, vi prego di ascoltarmi. Desidero portarvi indietro nel tempo, per la precisione negli anni Cinquanta, negli Stati Uniti d'America. La seconda grande guerra si è conclusa solo qualche anno prima e il mondo è cambiato molto. La terrificante ondata di terrore nazista è ormai scemata e il vecchio continente è infine libero. Più a est, tra le fredde steppe caratteristiche di quei territori, risiede però un nuovo pericolosissimo nemico, l'Unione Sovietica. Il capitalismo e la democrazia conquistata a fatica sono seriamente minacciati da comunismo e socialismo. La tensione fra i due colossi è alta, altissima, in particolare dopo il feroce scontro nato nell'ambito della guerra di Corea. Il conflitto è di nuovo terribile, milioni i morti da ambo le parti. Gli Stati Uniti non accettano di essere la seconda potenza mondiale, ma lo scontro non può più essere un sanguinoso combattimento, la battaglia non dovrà essere sul campo. Nonostante tutto, purtroppo, la tensione è così alta che il timore di una escalation nucleare non riuscirà a scomparire per lunghi e sfiancanti anni. Ma la sfida, fortunatamente, si sposta altrove. Certo non si trascurano gli armamenti, ma la corsa allo spazio e lo sviluppo tecnologico diventano tematiche di enorme importanza, fino a divenire pedine fondamentali nella scacchiera della cosiddetta Guerra Fredda. È il 4 ottobre 1957, un giorno che passerà alla storia. Ci troviamo in una fredda cittadina dell'attuale Kazakistan, all'epoca sotto il controllo sovietico e per essere più precisi all'interno del cosmodromo di Bajkonur. Alle 00.28 locali viene lanciato in orbita il primo satellite artificiale, denominato Sputnik 1. Negli USA la notizia corre all'impazzata, gli americani ne sono terrorizzati! Il più pericoloso rivale possiede adesso un livello tecnologico inaspettato, è ora con buona probabilità in grado di lanciare testare nucleari su scala intercontinentale. Una gigantesca ombra si proietta subito sulla stabilità politica. Il mondo occidentale potrebbe ancora essere in pericolo. Il lancio scatenò una serie di eventi a catena. Fu un momento traumatico per gli Stati Uniti e verrà ricordato come "Crisi dello Sputnik", e porterà a una serie di enormi investimenti economici nella ricerca spaziale e missilistica.

Il presidente americano Dwight D. Eisenhower, preso in contropiede dalle tecnologie sovietiche, decide di creare la National Aeronautics and Space Administration (NASA). È il 29 luglio 1958, la corsa allo spazio è ufficialmente iniziata! Facciamo un salto in avanti di oltre dieci anni da quel giorno. È lunedì 21 luglio 1969, in Italia è quasi l'alba, il Paese si sta piano piano mettendo in moto. Ma c'è qualcosa di strano, si respira un'aria diversa, milioni di persone stanno trascorrendo la nottata in bianco. Fra poche ore si andrà al lavoro! Fabbriche, negozi e uffici stanno per ritornare a prendere vita. Ma sembra non importare a nessuno, come se il domani ormai imminente, e gli impegni che porta con sé passino in secondo piano. Il caffè scorre a fiumi, d'altronde non ci si può addormentare proprio adesso. La TV rimane accesa, sintonizzata in modo tassativo sulla RAI, e il canale non cambia da parecchio. Probabilmente non lo farà ancora per molto. Alla fine, le ore complessive per molti italiani saranno ventotto e passerà alla storia come la prima storica maratona della TV di Stato. Quella notte è destinata a restare impressa nella memoria di molti, se non di tutti quelli nati prima degli anni Sessanta. Mancano ormai pochi minuti alle 05.00 italiane, quando l'astronauta americano Neil Armstrong pone infine la prima incredibile e insperata impronta sulla superficie lunare, pronunciando la storica frase: "Questo è un piccolo passo per un uomo, ma un grande balzo per l'umanità".

Il mondo, da quel momento, non sarà più lo stesso.

Facciamo un altro salto avanti, stavolta di ben cinquant'anni. È una classica serata italiana. Il Paese è di nuovo cambiato moltissimo. Il mondo è sempre più digitalizzato, Internet è ormai una tecnologia estremamente affidabile, consolidata e disponibile per chiunque. Dopo una lunga ed estenuante giornata lavorativa è prassi comune rilassarsi davanti a un film o, perché no, una nuovissima serie TV, una di quelle che vanno tanto di moda. Fruirne è semplice, basta accendere la TV, aprire l'app dedicata e in pochi secondi si è pronti alla visione. Spesso, non dobbiamo nemmeno preoccuparci di dividere la rete con amici e parenti, ce n'è per tutti! E così, nello stesso istante, qualcuno si diverte online alle prese con un videogioco, condividendo la sessione con altri amici sparsi per il globo, mentre in un'altra stanza qualcun altro posta video sul suo social preferito, dopo averne visti e salvati decine. Ma il volume non può essere troppo alto, altrimenti si disturba la videochiamata di gruppo in cameretta. Ormai è semplice, le comunità digitali e la condivisione online sono abitudini irrinunciabili. Ciò accade spesso e volentieri, anzi, praticamente ogni giorno, sotto ogni singolo tetto delle moderne e tecnologiche metropoli mondiali. Ma come si è arrivati a un tale livello nelle telecomunicazioni?

Cosa è successo durante il lasso temporale che separa gli anni Cinquanta dai giorni nostri?

Per capirne di più è bene tornare a quel 4 ottobre 1957 e a tutti i sentimenti contrastanti scatenatisi nelle settimane successive. Lo sgomento e la preoccupazione creati dalla tecnologia sovietica furono ben presto soppiantati da una sfrenata voglia di progredire e dimostrare che gli Stati Uniti potessero fare di più, molto di più. L'impresa di lanciare un satellite da parte dell'URSS, per quanto risultasse un progetto comunque molto ambizioso, doveva essere immediatamente pareggiata se non superata. La cosa avvenne soltanto tre mesi dopo, quando dalla base di Cape Canaveral, in Florida, venne lanciato il satellite Explorer 1, progettato per eseguire misurazioni scientifiche legate alla radiazione cosmica di fondo. La contromossa definitiva fu però la creazione dei progetti Mercury e Gemini da parte della NASA, finalizzati a sviluppare e raccogliere la tecnologia necessaria per realizzare l'impresa delle imprese: poggiare un piede sul suolo lunare come gesto per dimostrare al mondo l'incontrastata supremazia ingegneristica, ideologica e sociale degli Stati Uniti.

Questo era il sogno del presidente John F. Kennedy, l'uomo che rese di fatto realtà il Programma Apollo, deliberandone ufficialmente l'inizio il 25 maggio 1961. Come è facile immaginare, le problematiche legate all'allunaggio furono molteplici, dai più disparati punti di vista, e dovettero essere risolte in meno di un decennio. Ciò richiese uno sforzo umano ed economico impressionante, mai visto prima nel settore! Tanto grande che il totale delle persone coinvolte nel Programma Apollo, considerando anche le aziende che collaborarono con la NASA, raggiunse le quattrocentomila secondo alcune stime interne all'agenzia spaziale stessa. Uno dei problemi di maggior rilievo fu la realizzazione dell'infrastruttura e della tecnologia necessaria per la comunicazione tra gli astronauti e il personale a Terra, considerando l'impressionante distanza a cui si sarebbero trovati e l'ovvia impossibilità di realizzare un'infrastruttura cablata. Nulla di tutto questo era mai stato pensato in precedenza. Inoltre serviva un modo per ottimizzare i dati inviati verso la Terra, che li rendesse il più leggeri possibile, considerando che la banda disponibile e la velocità di trasmissione erano incredibilmente minori di quanto in media un comune cittadino disponga oggi con la rete cellulare del proprio smartphone. Dovettero così essere ideati degli algoritmi per la compressione dei dati, i quali assunsero un ruolo chiave nel successo delle missioni spaziali del Programma Apollo e di quelli che vennero dopo. Come detto le risorse informatiche erano davvero limitate e la priorità era quella di garantire una trasmissione affidabile ed essenziale dei dati: ma a che punto era la tecnologia delle telecomunicazioni negli anni del dopoguerra?

La telefonia era ancora principalmente basata su reti a commutazione manuale, cioè dove gli operatori gestivano a mano le chiamate connettendo i cavi, come spesso si vede nella filmografia dell'epoca. Tuttavia, già verso la fine del decennio, iniziò la transizione verso la telefonia a commutazione automatica, con sistemi che permettevano la realizzazione di chiamate senza l'intervento umano, come intermezzo tra mittente e destinatario. Le trasmissioni televisive si stavano affermando come forma d'intrattenimento di massa, anche se ancora in bianco e nero. I televisori in commercio erano pochi e disponibili solo per le persone facoltose e benestanti, e quasi soltanto nelle città. Sebbene non fossero ancora operativi, negli anni Cinquanta iniziarono studi e sperimentazioni riguardanti l'uso dei satelliti per le telecomunicazioni. Questo portò allo sviluppo delle prime idee e tecnologie che avrebbero reso possibili le comunicazioni satellitari nei decenni successivi, la cui pietra miliare fu il lancio del satellite Telstar, nel 1962. Fu un progetto in collaborazione tra USA, Francia e Regno Unito, che permetteva lo scambio di informazioni, tra cui segnali televisivi e telefonici, in tempo reale da un capo all'altro dell'oceano Atlantico. Il progetto fu di sicuro un successo, nonostante le evidenti problematiche legate al contesto operativo e alle limitazioni dell'epoca, e fu così un importante precursore delle successive, moderne e attuali reti satellitari, dimostrando l'enorme potenziale legato a infrastrutture di quel tipo, in grado di rivoluzionare la capacità di comunicare su lunghe distanze e trasmettere segnali oltre i confini nazionali. Anche perché prima di allora l'unico modo per trasmettere informazioni fra Stati o addirittura continenti diversi era la posa fisica di cavi, un'opera ingegneristica per niente facile da realizzare e manutenere. Complessivamente, gli anni Cinquanta rappresentarono un periodo di transizione e di fondamentali sviluppi nelle telecomunicazioni, preparando il terreno per l'accelerazione tecnologica che si sarebbe verificata negli anni a venire, grazie anche e soprattutto alla corsa allo spazio, che raggiunse il picco in quel preciso periodo storico. Il decennio successivo vide così il passaggio alla telefonia a commutazione elettronica e alla digitalizzazione di reti e informazioni in generale. Gli anni Sessanta videro anche i primi sviluppi significativi nei computer, sia singoli che collegati in rete, i quali svolsero un ruolo decisivo nello sviluppo delle telecomunicazioni per come le conosciamo oggi.

Proprio in quel periodo nacque il precursore dell'Internet moderno.

Denominato ARPANET, il cui acronimo è Advanced Research Projects Agency NETwork, era una rete di computer studiata e realizzata dal Dipartimento della Difesa degli Stati Uniti, responsabile dello sviluppo di nuove tecnologie a uso militare.

Vostro onore, dobbiamo ricordarci che in quegli anni aleggiava la paura della guerra nucleare e che il progetto di creare una rete di comunicazione via cavo, robusta e affidabile, che potesse resistere a eventuali interruzioni o danni, nacque sempre nell'ambito del freddo confronto con l'Unione Sovietica. La rete doveva inizialmente permettere la condivisione di risorse di calcolo e informazioni tra vari centri di ricerca e università disseminate sul territorio americano. A testimonianza della grossa enfasi riposta sul progetto, basti pensare che tra le figure appartenenti al team di scienziati troviamo Lawrence Roberts e Joseph Licklider. Quest'ultimo, considerato una delle figure più importanti nella storia del settore, fu posto a capo della sezione informatica dell'ARPA, e fornì di fatto un contributo enorme alla creazione della prima rete di computer multipiattaforma su larga scala. La prima storica connessione avvenne tra l'università UCLA e l'Istituto di Ricerca di Stanford (SRI), situati entrambi in California, separati da circa cinquecento chilometri di distanza in linea d'aria. Ma ben presto, negli anni Settanta la rete crebbe ancora di più, fino a inglobare decine di nodi, sia civili che militari, sul territorio americano per poi espandersi fino all'Europa. Uno degli sviluppi più significativi originatosi nel contesto di ARPANET fu l'invenzione della mail, un qualcosa che cambiò con decisione il modo di comunicare, offrendo un servizio totalmente nuovo e ricco di funzionalità ai cittadini e alle aziende. Parlando invece di comunicazioni wireless, la tecnologia negli anni Sessanta era ancora agli albori. Al netto dei primi lanci satellitari affrontati in precedenza e dell'impatto derivante dai relativi successi, i cittadini avevano a disposizione reti radio a transistor, per uso domestico e amatoriale, in grado però di coprire solo brevi distanze. Esistevano tecnologie anche per le trasmissioni su lunghe distanze, come per esempio l'utilizzo delle microonde, utilizzate sia a scopi commerciali che militari, dove la possibilità di permettere in tempo reale la comunicazione tra due generali separati da molti chilometri era ritenuta fondamentale. Anche le comunicazioni in ambito aeronautico e navale erano chiaramente ottenute attraverso onde radio, ma con potenzialità limitate, sia per quanto riguarda le distanze, che per la banda disponibile.

Gli anni Sessanta, periodo di grande sperimentazione, videro quindi la tecnologia fare enormi passi avanti in quasi tutti gli ambiti legati allo scambio di informazioni.

Alla luce di quanto detto e dello stato dell'arte in ambito di telecomunicazioni, durante le fasi iniziali del Programma Apollo, venne eseguito un attento studio di fattibilità legato alla possibilità effettiva di realizzare una rete che permettesse agli astronauti diretti sulla Luna di poter comunicare in maniera affidabile e proficua con il pianeta Terra. Nello specifico i principali scambi di messaggi sarebbero avvenuti con il Centro di Controllo Missione della NASA (MCC), situato a Houston, in Texas. Inoltre le condizioni operative che avrebbero trovato gli uomini nello spazio erano completamente diverse rispetto a quanto sperimentato fino a quel momento, con una serie di nuovi elementi in grado di creare parecchie difficoltà. Innanzitutto, l'enorme distanza che separa il nostro pianeta dal proprio satellite naturale è in media di circa 380.400 chilometri, il che implica un ritardo di trasmissione stimato in circa 1,28 secondi sia all'andata che al ritorno. Sebbene l'attesa non fosse enorme, nell'ambito di una conversazione in tempo reale significava attendere di volta in volta, e l'accumulo comportava una certa perdita di tempo nel lungo periodo. Oltretutto ci si sarebbe potuti imbattere nella cosiddetta "ombra radio", un fenomeno in grado di rendere complicate le comunicazioni.

La soluzione a questo problema fu strutturare un sistema che introducesse una sorta di servizio di inoltro via satellite. Nello specifico il concetto prevede di stabilire un terzo punto, che funga da ponte e possa ricevere un segnale e ritrasmetterlo. Così gli ingegneri della NASA pensarono di utilizzare il cosiddetto Modulo di Comando, situato in orbita attorno alla Luna, proprio come stazione di rilancio e garantire così la necessaria continuità delle comunicazioni. Quindi, come detto, i sistemi studiati dai progettisti americani permettevano una comunicazione continua, anche se con ritardo, ma c'era un'altra variabile da considerare: le possibili interferenze. Le comunicazioni radio sono vulnerabili a diversi tipi di interferenze e rumore che possono degradare la qualità del segnale, rendendo difficile una trasmissione chiara e precisa.

Durante le missioni Apollo, i disturbi provenivano da varie fonti e influenzavano sia la trasmissione che la ricezione dei segnali. Principalmente possiamo suddividere la problematica in tre aspetti: interferenze interne legate ai sistemi di bordo, emissioni solari e disturbi terrestri. Gli strumenti e i sistemi elettronici a bordo dei moduli potevano generare interferenze elettromagnetiche e causare rumore di fondo e distorsione nei segnali radio, rendendo difficile l'interpretazione corretta delle comunicazioni. Tali dispositivi includevano computer, sistemi di navigazione e controllo ambientale e strumenti scientifici. Allo stesso modo l'attività solare, che come noto prevede l'emissione di radiazioni elettromagnetiche, può essere una fonte di disturbo. Così, onde radio, raggi X e raggi gamma emessi dalla nostra stella possono sovrapporsi alle comunicazioni i cui segnali transitano nello spazio interplanetario, fuori quindi dall'atmosfera terrestre. Infine, una volta che i messaggi si trovavano all'interno dell'atmosfera, nei pressi del nostro pianeta, interveniva una serie di disturbi ambientali, derivanti dall'interazione con apparecchi terrestri, quali trasmettitori radio, radar, dispositivi industriali, ecc.

Cercando di affrontare tutte le problematiche vennero escogitati una serie di espedienti in grado di mitigare o risolvere le varie questioni, in modo da rendere le missioni spaziali sicure, attraverso comunicazioni affidabili e robuste anche di fronte a eventuali imprevisti, che sarebbero con buona probabilità accaduti, vista l'enorme complessità dell'impresa. La prima misura di mitigazione fu di adottare una serie di schermature in grado di proteggere e isolare per quanto possibile gli strumenti a bordo, un'operazione davvero cruciale. Una simile tecnologia non era del tutto nuova, ma contestualmente i sistemi si sono evoluti in modo netto. I miglioramenti sono stati guidati dall'avanzamento dei materiali, delle tecnologie di rivestimento, del design elettronico e delle tecniche di cablaggio. Tecnologie che, a posteriori, divennero di utilizzo comune negli apparecchi elettronici civili e industriali sparsi per il mondo. Queste, unite all'adozione di particolari filtri elettronici in grado di eliminare precise frequenze di segnali radio, garantirono grossi miglioramenti. Un'altra soluzione fu quella di predisporre l'utilizzo di sistemi ridondanti, cioè l'esistenza di più mezzi per svolgere una determinata funzione, disposti in modo tale che un guasto del sistema possa verificarsi solo in conseguenza del contemporaneo danneggiamento di tutti questi mezzi. Un caso lampante fu quello di dotarsi di diverse bande di frequenze, in modo da ridurre la probabilità che le comunicazioni potessero essere disturbate contemporaneamente da una singola fonte. Una banda di frequenza è un intervallo di frequenze radio che viene usato per la trasmissione e ricezione di segnali. Le frequenze differiscono in termini di propagazione, penetrazione, capacità di dati e resistenza alle interferenze. La strategia fu di suddividere le comunicazioni in frequenze VHF (Very High Frequency), quindi con segnali compresi tra trenta e trecento MHz, e frequenze cosiddette S-Band (2-4 GHz), con specifico uso attorno ai 2.4 GHz. Le prime, adatte all'utilizzo su corte distanze, furono così utilizzate in particolare per comunicazioni vocali tra Modulo Lunare (LEM) e Modulo di Comando nei pressi della Luna, e poi della Terra. Le seconde possedevano invece caratteristiche opposte: una maggior larghezza di banda che le rendeva perfette per lo scambio di segnali audio e video, telemetria e dati scientifici. Inoltre, si scoprì come fossero anche più resistenti alle interferenze su lunghe distanze. In linea di massima la strategia prevedeva di utilizzare con costanza frequenze VHF e invece riservare le S-Band ogni qualvolta intervenisse la necessità di inviare e ricevere dati più complessi. Addirittura, nel contesto dell'ombra radio citata in precedenza vennero utilizzate allo stesso tempo entrambe le bande. Il Modulo di Comando in orbita attorno alla Luna fungeva da ponte per le comunicazioni tra il LEM e la Terra, utilizzando S-Band per le trasmissioni a lungo raggio e VHF per le comunicazioni dirette con l'altro modulo. Anche le stazioni di Terra erano allo stesso modo equipaggiate per ricevere e trasmettere su entrambe le bande, in modo che i segnali critici potessero essere ricevuti e inviati a prescindere dalle condizioni di interferenza, dipendenti dai più vari fattori.

Questo genere di tecnologia non era completamente nuovo, negli anni precedenti era stata già teorizzata e sperimentata in alcune applicazioni, come nelle comunicazioni marittime e aeronautiche. Nello specifico già durante gli anni Trenta e Quaranta gli aerei utilizzavano bande di frequenza multiple per migliorare l'affidabilità delle comunicazioni con le stazioni di Terra. Anche i primi satelliti artificiali come il ben noto Sputnik 1 e l'Explorer utilizzavano tecniche simili, ma in maniera estremamente più semplice e inefficiente rispetto a quanto fosse richiesto stavolta. Un'altra strategia che risultò vincente fu quella di agire sulla modulazione del segnale: tecniche avanzate, come la modulazione di ampiezza e frequenza, nonché la modulazione digitale di fase, furono utilizzate per migliorare il segnale. In breve, questi sono stratagemmi che permettono di ottimizzare il segnale in base al momento e al disturbo, con tutti i vantaggi del caso, amplificati dall'utilizzo in contesti delicati. Per esempio, con la modulazione di frequenza gli astronauti potevano comunicare con il centro di controllo sulla Terra con una qualità audio elevata, riducendo le possibilità di incomprensioni dovute al rumore di fondo. Le informazioni critiche riguardanti posizione, velocità, stato dei sistemi di bordo e altri dati vitali venivano trasmesse utilizzando tecniche di modulazione digitale come la PSK, che assicurava precisione e affidabilità. Infine, per le immagini televisive della superficie lunare, venivano utilizzate tecniche di modulazione che garantivano una buona qualità del segnale nonostante la lunga distanza tra la Luna e la Terra. In contesti come lo scambio di informazioni tra due punti a centinaia di migliaia di chilometri gli errori erano e sono ancora una possibilità che tende alla certezza. Infatti, tutti i disturbi citati in precedenza ne concorrono in modo pesante alla creazione. Per questo motivo assunse grande importanza lo sviluppo di metodologie in grado di codificare e correggere gli errori.

Nelle telecomunicazioni, vengono di solito utilizzati diversi mezzi trasmissivi: a oggi possiamo menzionare cavi in rame, fibra ottica e onde elettromagnetiche. Il denominatore comune alle varie tipologie è il fatto che in qualche modo i segnali vengono poi trasformati e codificati attraverso dei bit, i quali rappresentano lunghissime sequenze di 0 e 1. Immagini, suoni e qualsiasi altro tipo di informazioni sono, nell'ambito informatico, comunque in genere rappresentabili da una sequenza di numeri. Pertanto, è facilmente comprensibile come l'errore nella trasmissione di alcuni di essi possa essere causa di problematiche, anche serie in determinati contesti. Ne consegue un necessario sviluppo di metodologie atte a mitigare il disservizio, come per esempio la codifica a ridondanza. Questa tecnica prevede l'aggiunta di informazioni supplementari (ridondanza, appunto) ai dati trasmessi, permettendo la rilevazione e la correzione degli errori. I primi sistemi per la correzione degli errori risalgono agli anni Cinquanta, quando il dottor Richard W. Hamming ideò gli omonimi codici. Più tardi, proprio nell'ambito del Programma Apollo vennero sviluppati codici più sofisticati, come per esempio il cosiddetto LDPC, Low Density Parity Check. Quest'ultimo offre un'elevata capacità di correzione con una complessità di decodifica relativamente bassa, rendendolo ideale per applicazioni anche moderne in comunicazioni spaziali o su lunghe distanze.

In contemporanea venne introdotta anche un'altra tecnica essenziale per le telecomunicazioni, detta interleaving.

Essa coinvolge la distribuzione dei dati su diversi pacchetti di trasmissione in modo da rendere gli errori più facili da correggere, dal momento che se invece si concentrassero in una sola parte del flusso potrebbero essere difficili da individuare e sistemare. Tuttavia, distribuendo i dati, e di conseguenza gli errori in modo uniforme, le tecniche di correzione diventano immediatamente più efficaci. Insomma, due tecniche che se usate in simultanea introducono immediati ed evidenti benefici. L'*interleaving* trovò applicazione in molteplici tecnologie di comunicazione, inclusi i sistemi di trasmissione di dati su lunghe distanze, come le comunicazioni satellitari e le trasmissioni televisive, e successivamente nelle reti di dati e nella telefonia mobile.

Abbiamo ormai capito, signore e signori della corte, quanto fosse importante la qualità dei segnali trasmessi, e quindi è necessario menzionare anche il miglioramento dei dispositivi atti a trasmetterli e riceverli, cioè le antenne. Nell'ambito della corsa allo spazio questi dispositivi hanno subito evoluzioni riguardanti principalmente tre aspetti: la direzionalità, il guadagno e la ridondanza. Le antenne con alta direzionalità concentravano il segnale in un fascio più stretto, riducendo la probabilità che il disturbo solare potesse intaccare la comunicazione. Antenne invece con alto guadagno amplificavano il segnale ricevuto, migliorando nettamente il rapporto segnale-rumore. L'utilizzo di più antenne con diverse posizioni e orientamenti era atto a garantire la continuità delle comunicazioni anche nel caso in cui una di esse avesse malfunzionamenti o fosse intaccata da qualche tipo di disturbo.

È quindi evidente come il livello tecnologico dell'epoca non sarebbe mai stato sufficiente per comunicare in maniera affidabile con gli astronauti una volta sulla Luna.

Così, negli anni della corsa allo spazio e già nell'ambito dei progetti Mercury e Gemini le suddette tecniche e tecnologie dovettero essere innovate e migliorate in maniera radicale. Venne di riflesso acquisita un'enorme esperienza anche in ottica di precisione, affidabilità e problem solving. Infatti, come ipotizzabile, durante le missioni accaddero parecchi imprevisti, uno dei quali proprio durante l'allunaggio della missione Apollo 11 che sono certo sia stato vista in diretta dalla maggior parte di noi in questa aula. Dovete sapere infatti che ci furono alcuni momenti in cui le comunicazioni furono degradate da interferenze, complicando in maniera preoccupante il contatto tra Neil Armstrong, Buzz Aldrin e il controllo missione. Grazie a tecniche di filtraggio e frequenze di backup gli ostacoli vennero aggirati e la missione poté continuare come previsto. Durante Apollo 12 invece un fulmine colpì il razzo Saturn V poco dopo il lancio, causando la perdita temporanea dei segnali. Le comunicazioni vennero ristabilite in fretta grazie a sistemi ridondanti e procedure di emergenza. Proprio la teoria dietro quest'ultime subì un netto step evolutivo, con un aumento deciso dell'enfasi legata a procedure specifiche per gestire le interruzioni di comunicazione, incluse sequenze di comandi automatizzati e protocolli di emergenza.

Ci abbiamo messo del tempo, ma era davvero importante chiarire in modo adeguato le criticità legate alla comunicazione wireless verso la Luna, e sono emerse parecchie cose interessanti. È il momento di aprire un'altra parentesi fondamentale, ponendoci una domanda: in che modo venne organizzata tutta la struttura che si sarebbe occupata di gestire invece lo scambio di informazioni sulla Terra durante le missioni? Ebbene spetta alla NASA il primato della creazione di una rete globale, con connessione veloce, attiva h24 ed estremamente affidabile. Fermiamoci un secondo a pensare: non sembrano con esattezza le classiche caratteristiche della rete Internet che abbiamo imparato a conoscere? Direi allora che vale di certo la pena di analizzare questa pietra miliare delle telecomunicazioni, la cosiddetta Manned Space Flight Network (MSFN), le cui caratteristiche salienti furono pensate come è ovvio in risposta alle evidenti criticità legate alle missioni spaziali già trattate in precedenza.

Di sicuro, una delle cose più sorprendenti è il fatto che la copertura, praticamente continua durante le missioni, era garantita da una combinazione di stazioni terrestri fisse e satelliti, integrate con navi e aerei di tracciamento. Le tecnologie includevano inoltre enormi antenne paraboliche con diametri di decine di metri, ricevitori e trasmettitori radio sparsi in tutto il mondo e per il collegamento fra stazioni, spesso, anche cavi sottomarini. Non è sbalorditivo per l'epoca? Le stazioni di Terra erano in totale quattordici, di cui le principali erano quattro: Goldstone in California, Honeysuckle Creek e Canberra in Australia, e Madrid in Spagna (fig. 1).

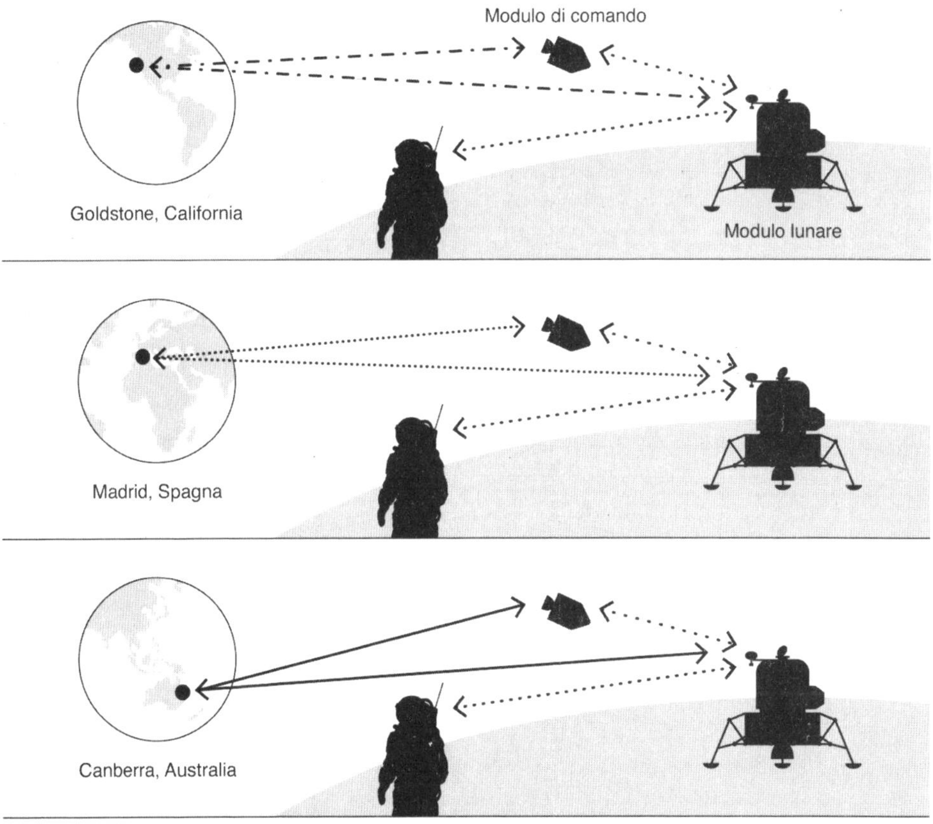

Figura 1. Rappresentazione di parte della struttura del Manned Space Flight Network (MSFN) e relativo funzionamento.

Da non dimenticare anche Antananarivo in Madagascar e Guaymas in Messico, a sottolineare la copertura globale, la cui posizione era scelta per minimizzare i periodi di "oscurità" comunicativa e la creazione di ridondanza, necessaria per arginare i danni creati dall'eventualità del verificarsi di singoli guasti. La rete includeva anche navi equipaggiate con antenne e apparecchiature di comunicazione, attentamente dirette e posizionate in modo strategico in aree oceaniche non raggiungibili dalle stazioni terrestri. Tra le varie, vennero utilizzate la USS Vanguard e la USNS Mercury, le quali garantivano che le comunicazioni non venissero interrotte durante le orbite delle navicelle spaziali. Per ulteriore ridondanza e copertura, venivano utilizzati anche aerei di tracciamento che potevano seguire le navicelle in tempo reale e fornire supporto alle comunicazioni durante le varie fasi delle missioni. Infine, il cuore delle operazioni era invece il già citato Manned Spacecraft Center a Houston, ora Johnson Space Center. Le reti moderne, basate per esempio su fibra ottica e tecnologie wireless avanzate, permettono velocità di trasmissione dei dati molto superiori rispetto alla MSFN, le cui velocità erano comunque misurabili in kilobit al secondo (kbps). Secondo i dati ufficiali rilasciati dalla NASA, in determinati momenti, nonché in punti specifici della rete, si toccarono punte di oltre 51 kbps in download. A titolo di paragone, ora possiamo considerare ampiamente diffuse velocità di gigabit al secondo (Gbps) o addirittura terabit al secondo (Tbps) in determinate applicazioni. Ma attenzione, non è finita qui, dal momento che questa pionieristica rete non era infatti sola! Durante le missioni spaziali, la NASA poteva contare anche sulla cosiddetta Spacecraft Tracking and Data Network (STDN), una rete altrettanto tecnologica e avveniristica, con caratteristiche talvolta simili alla MSFN, ma con compiti e peculiarità specifiche. Per esempio, quest'ultima era dotata di una grande flessibilità e adattabilità, in quanto era progettata per supportare una vasta gamma di missioni spaziali, inclusi sia voli con equipaggio umano che missioni robotiche e scientifiche. La prima era invece specificamente progettata per supportare le missioni con equipaggio umano, quindi ottimizzata per garantire comunicazioni vocali affidabili e continue tra gli astronauti e la Terra. In ogni caso le pionieristiche reti nate agli inizi degli anni Sessanta introdussero molte innovazioni nel campo delle comunicazioni terrestri e spaziali, fungendo da base per lo sviluppo di reti di comunicazione satellitare e tecnologie di tracciamento successive. Signore e signori, a proposito di reti innovative e super connesse, vi ricordate di ARPANET vero? Il precursore di Internet, una delle invenzioni che ha letteralmente rivoluzionato il mondo e il modo di comunicare, innescando cambiamenti sociali e aprendo a tutti possibilità mai viste prima e per lunghi tratti della storia nemmeno mai immaginate! È incredibile pensare come nella seconda parte del Novecento sia cambiato il modo di comunicare tra persone, ma non solo.

L'accesso all'informazione ha subito una trasformazione straordinaria, grazie ai motori di ricerca nonché alle enciclopedie e alle banche dati digitali.

Vogliamo parlare dell'economia? Il solo concetto di e-commerce e le varie piattaforme digitali nate di conseguenza hanno reinventato il modo in cui le persone acquistano e gestiscono online le proprie finanze, semplificando le operazioni e migliorando l'accessibilità. Sono cambiate governance e politica, società e cultura, salute e medicina, e in pratica non esiste un settore che non sia mutato con l'avvento di Internet, il quale, grazie alla riduzione drastica dei costi e all'aumento della velocità di comunicazione, ha avuto un impatto rivoluzionario che ha democratizzato l'accesso alle informazioni, trasformato i modelli di business e cambiato profondamente il tessuto sociale e culturale del mondo moderno.

Ma quali tecnologie sviluppate per le missioni spaziali hanno trovato successivamente impiego nell'avveniristico progetto di ARPA? La risposta è semplice e intuitiva: molte! E a dirla tutta, proprio la connessione tra le missioni spaziali e ARPANET dimostra come l'innovazione tecnologica in un campo possa avere effetti trasformativi in altri settori, guidando il progresso e l'adozione di nuove metodologie, in detto caso attraverso il trasferimento di tecnologie avanzate di comunicazione, trasmissione dati, affidabilità, e monitoraggio. Queste novità non solo migliorarono le capacità delle reti dell'epoca, ma furono le fondamenta su cui si basò lo sviluppo delle più moderne e di Internet come lo conosciamo oggi. Le reti di comunicazione avanzate strutturate dalla NASA per gestire le trasmissioni tra satelliti e centri di controllo hanno avuto un pesante impatto nell'ambito civile. Per esempio, i protocolli di rete subirono grosse migliorie, e l'idea di suddividere i dati in tanti piccoli pacchetti per la trasmissione, che fu ulteriormente sviluppata durante le missioni spaziali, influenzò in modo significativo la concezione del cosiddetto *packet switching*, ovvero la commutazione a pacchetto, fondamentale per ARPANET e poi per Internet. Il metodo si rivelò decisivo per l'operatività della neonata rete e permise una trasmissione dati più robusta e resiliente.

Le tecnologie di telemetria e controllo remoto utilizzate per monitorare e gestire le missioni spaziali influenzarono lo sviluppo dei sistemi di gestione, introducendo e migliorando meccanismi in grado di implementare il monitoraggio in tempo reale delle performance di rete e la gestione remota dei nodi. Un aspetto molto influente fu anche quello legato alla condivisione delle competenze del personale, dal momento che scienziati e ingegneri che lavoravano alle missioni spaziali trasferirono il loro know how e la loro esperienza diretta nell'ambito civile del networking. Questa collaborazione interdisciplinare accelerò l'adozione di tecnologie avanzate e promosse naturalmente l'evoluzione di entrambi i campi. E a proposito, la forma mentis sviluppata, con uno sguardo teso alle tematiche di affidabilità e sicurezza, fu anch'essa un'eredità importantissima, implementata attraverso l'enfasi dedicata ai vari sistemi di backup. L'idea di avere sistemi di comunicazione ridondanti per garantire la continuità delle operazioni anche in caso di guasto è stata adottata e divenuta consuetudine anche nelle reti civili, inclusi i sistemi di emergenza e le infrastrutture critiche. Parlando di sicurezza e protezione possiamo menzionare le tecniche avanzate di schermatura contro le interferenze elettromagnetiche, sviluppate per proteggere l'elettronica delle navicelle spaziali, che furono adattate per migliorare l'affidabilità delle apparecchiature di rete, riducendo le interferenze e migliorando la qualità del segnale. E a proposito di segnali, con certezza possiamo affermare che le tecnologie sviluppate per le comunicazioni radio interplanetarie abbiano influenzato parecchio l'ambito civile. I satelliti, diretti discendenti della ricerca spaziale, sono diventati fondamentali e imprescindibili per le telecomunicazioni globali, consentendo chiamate internazionali e trasmissioni televisive in diretta, grazie per esempio ai satelliti geostazionari. Inoltre, la creazione di una vasta rete di dispositivi in orbita attorno alla Terra ha permesso di espandere e fornire la connessione Internet in tutto il mondo, anche nelle zone più remote.

E come ci si orienta quando si è lontani da casa o ci si trova in luoghi sperduti e non si conosce la propria posizione? Beh, facile, chiunque al giorno d'oggi saprebbe rispondere con fermezza: "Con il GPS!". Esatto! Probabilmente non molti lo sapranno, ma uno degli strumenti più utilizzati per stabilire la propria posizione e orientarsi di conseguenza arriva anch'esso dalle missioni spaziali. Il cosiddetto Global Positioning System, che noi conosciamo appunto come GPS, all'origine sviluppato per scopi spaziali (e militari), è ora stabilmente utilizzato in applicazioni civili per la navigazione nel settore dei trasporti e più in generale è inserito per i più vari utilizzi negli smartphone, diventati sempre più il centro nevralgico della vita digitale di ognuno di noi. Secondo il report *State of Mobile Internet Connectivity* di GSMA nel 2022 sarebbero 4,6 miliardi le persone che ne possiedono almeno uno. Tra le metodologie principali utilizzate da questi dispositivi per connettersi a Internet o ad altri device, troviamo di sicuro tecnologie wireless come Bluetooth e Wi-Fi, di cui al giorno d'oggi nessuno può più fare a meno. Infatti, il concetto di poter disporre di connessioni senza fili ad alta velocità in ambienti civili è ormai diventato uno standard, sia in luoghi pubblici che privati, permettendo agli utenti di scambiare grandi quantità di informazioni tra dispositivi, in maniera affidabile, veloce e sicura.

Ma non è tutto, dal momento che anche la telefonia cellulare ha beneficiato delle innovazioni nelle comunicazioni radio, migliorando la capacità delle moderne reti (come per esempio 4G o 5G) di trasmettere dati su grandi distanze grazie a sistemi di ricezione più efficaci, protocolli innovativi, l'uso di bande multiple di frequenza e antenne molto perfezionate. Proprio le migliorie legate alle antenne si sono riversate in modo importante in ambito civile. Basti pensare come questi dispositivi siano stati miniaturizzati in modo incredibile e adattati per l'uso negli smartphone, incrementandone l'efficacia e diminuendo allo stesso tempo le interferenze durante lo scambio di dati. A stretto contatto con le antenne troviamo la soluzione delle bande multiple di frequenza, già ampiamente citate in precedenza. Questo sistema ha trovato un solido impiego nelle reti moderne, che vanno dalle basse frequenze (sub-6 GHz), le quali offrono una buona copertura, alle alte frequenze (mmWave, onde millimetriche), che offrono capacità e velocità maggiori. La varietà di bande è essenziale per soddisfare le diverse esigenze degli utenti e garantire copertura e qualità del servizio ottimali. Oltretutto una caratteristica importante delle attuali reti 4G e 5G è proprio l'aggregazione delle bande, che consente agli operatori di combinarne diverse per fornire prestazioni di rete più elevate. Una strategia che contribuisce a queste grandi performance è la modulazione del segnale, sviluppata allo scopo di rendere più robuste le comunicazioni spaziali, con la conseguente nascita di specifici codici per la correzione di errore (ECC), divenuti fondamentali prima in ARPANET, con il protocollo TCP/IP (su cui si basa l'Internet di oggi), e successivamente proprio nelle reti cellulari e nelle comunicazioni satellitari, nonché nelle trasmissioni via cavo e mediante fibra ottica.

E se vi dicessi che anche il settore della cybersecurity si è evoluto grazie alle missioni spaziali? Chi l'avrebbe mai detto! Infatti, alcune delle tecniche sviluppate per rendere sicure le comunicazioni spaziali sono ora utilizzate anche per proteggere le reti civili da minacce informatiche, implementando e migliorando concetti come la crittografia. Quest'ultima è una branca molto interessante, ideata ben prima del XX secolo, ma che evolve di anno in anno, dal momento che rappresenta uno dei principali metodi software per prevenire interferenze, intercettazioni e manomissioni. Le informazioni vengono trasformate grazie a complessissimi algoritmi matematici in un formato incomprensibile (detto cifrato) per chiunque non sia autorizzato a leggerle, mentre il destinatario viene invece dotato di una chiave di decrittazione.

Le agenzie spaziali internazionali utilizzano, sviluppano e implementano algoritmi crittografici in modo che solo le entità autorizzate possano accedere ai dati in viaggio, che includono ovviamente informazioni segrete come dati scientifici oppure conversazioni e telemetria.

Ma non è finita qui, signore e signori della corte! Ora conosciamo nei dettagli le infrastrutture dedicate allo scambio di dati e come hanno migliorato il mondo, ma c'è un altro aspetto che vale la pena di approfondire, e che riguarda proprio il dato in sé.

Una problematica relativa allo scambio di informazioni tra Terra e spazio è senza dubbio la grossa mole di dati che la sensoristica a bordo di sonde e navicelle genera mentre opera.

Vale la pena di sottolineare e ricordare come in parallelo al Programma Apollo vennero ideate e realizzate diverse missioni spaziali, in cui l'uomo ha spinto sonde spaziali a distanze siderali rispetto alla Luna. Per esempio, progressivamente ci si è spinti verso gli altri pianeti del Sistema Solare, partendo da Marte e Venere con le missioni Mariner e Venera, per poi raggiungere Mercurio, Giove e via via tutti gli altri. Missioni che hanno fornito dati preziosi e arricchito molto la nostra comprensione del Sistema Solare, aprendo la strada per le successive esplorazioni. Questi dati vengono raccolti attraverso una serie di strumenti scientifici sofisticati e sono essenziali per la scienza planetaria e la comprensione dell'ambiente spaziale, ma nello specifico di che tipologia di dati parliamo? Tralasciando quella serie di informazioni legate specificamente alla sonda, come posizione, velocità, traiettoria, parametri di sistema e status dei componenti, possiamo menzionare una lunga serie di dati scientifici, anche molto diversi fra loro. Come per esempio quelli legati a spettroscopia e magnetometria, dati gravitazionali, geologici, metereologici, ecc. Quindi può essere svolta un'analisi della composizione chimica e fisica di superfici, atmosfere e polveri spaziali attraverso spettrometri che coprono diverse gamme dello spettro elettromagnetico. Possono effettuarsi misurazioni del plasma, del campo magnetico, di particelle energetiche o radiazioni cosmiche. Non si può trascurare infine tutta quella serie di dati multimediali, sia a scopo prettamente scientifico, che divulgativo.

Come scordarsi le immagini del primo allunaggio, delle successive passeggiate oppure le prime incredibili immagini di terre aliene, come il desertico ambiente marziano, la gigantesca macchia rossa nell'atmosfera di Giove o gli anelli di Saturno?! Come sappiamo, pur con i passi avanti realizzati negli anni, la banda disponibile e la velocità rimanevano in ogni caso limitate. Come affrontare e sormontare tale grosso ostacolo? Scienziati e ingegneri capirono immediatamente come un grande aiuto potesse pervenire dagli algoritmi di compressione dei dati. Capiamo meglio il concetto: si tratta di una metodologia che grazie a una serie di istruzioni è in grado di ridurre la dimensione di una serie di dati, rendendoli così più compatti. Questo processo permette quindi di risparmiare spazio di archiviazione e ridurre i tempi di trasmissione delle informazioni. Proprio quello che serviva! La compressione, inoltre, può essere suddivisa in due categorie principali, in base al fatto che durante l'operazione avvenga o meno una perdita di dati. Se a seguito della compressione i dati originali possono essere completamente recuperati dalla versione compressa, senza quindi alcuna perdita di informazioni, siamo nel caso di algoritmi cosiddetti *lossless*, altrimenti parliamo di algoritmi *lossy*.

Nella vita comune, quando abbiamo a che fare con tecnologie digitali, anche se spesso in modo inconsapevole, siamo letteralmente circondati da questi concetti.

Basti pensare che ogniqualvolta scattiamo una foto con il nostro smartphone, oppure registriamo un semplice video, l'output che viene salvato in memoria è il risultato dell'applicazione di una tecnica di compressione ai dati originali registrati dal sensore della fotocamera. A maggior ragione, nello scambio di informazioni multimediali fra due dispositivi, a meno che non sia proprio richiesto per motivi specifici, avviene una compressione di informazioni, il tutto finalizzato a rendere più snella la comunicazione, se possibile. Per esempio, durante una videochiamata o la visione di un contenuto multimediale in streaming è tendenzialmente tollerabile la perdita di una parte di dati, più o meno piccola in base all'occasione. Questa cosa, che potrebbe suonare strana dal punto di vista teorico, è facile e dimostrabile se proviamo a immedesimarci in una situazione simile. Infatti, nella maggior parte dei casi, a oggi, la compressione riduce di molto il peso delle informazioni scambiate, senza che sia facilmente notabile o rilevabile dagli utenti.

E sono pronto a scommettere che, nonostante questa dinamica si verifichi attorno a noi ogni giorno da quando il mondo è (anche) digitale, spessissimo agisce in incognito e nemmeno ce ne accorgiamo. Incredibile, vero? Ma come sempre, facciamo ancora un tuffo nel passato. I primi studi legati alla compressione dei dati risalgono ai primi decenni del XX secolo, ma il campo ha visto sviluppi significativi e sistematici a partire proprio dagli anni Cinquanta, grazie agli studi di matematici come Claude Shannon e David Huffman. Con l'avvento della digitalizzazione delle informazioni si capì ben presto come questa branca sarebbe diventata essenziale, soprattutto avendo a che fare con il livello dell'informatica dell'epoca. Fu così che in molti centri di ricerca e università divenne cruciale porre enfasi sullo sviluppo di tali metodologie, che trovarono subito impiego nel settore delle telecomunicazioni e nella ricerca spaziale. Per la compressione dei dati durante le missioni Apollo vennero utilizzati principalmente due tipi di tecnologie: Run-Length Encoding (RLE) e Pulse Code Modulation (PCM). Il primo è un semplice algoritmo di compressione senza perdita di dati che è stato utilizzato per comprimere le immagini in bianco e nero trasmesse dai moduli verso la Terra. Il meccanismo è interessante: RLE comprime le sequenze di dati ripetitivi sostituendo la ripetizione con un singolo valore e il numero di ripetizioni. Questo algoritmo era adatto per immagini a bassa complessità come quelle trasmesse dalla superficie lunare. Infatti, le telecamere a bordo dei mezzi della NASA erano proprio studiate in relazione all'uso specifico, dal momento che utilizzavano un basso frame rate, producendo di conseguenza meno dati per unità di tempo al fine di non saturare la banda disponibile.

Approfondendo questo aspetto sorge una considerazione curiosa: a oggi daremmo per ovvia e scontata la possibilità di vedere in diretta televisiva lo storico momento di un uomo per la prima volta in luogo che non sia la Terra, dato che la TV è un elettrodomestico tra i più diffusi. Nonostante all'epoca del Programma Apollo la televisione avesse già raggiunto una buona popolarità nel mondo occidentale, si mise in discussione la necessità di una trasmissione in diretta, temendo le enormi complicazioni introdotte dalle caratteristiche delle attrezzature disponibili all'epoca.

Oggi un qualsiasi smartphone regala immagini dettagliate e risolute, ma negli anni Sessanta le telecamere professionali erano davvero energivore e ingombranti

Le caratteristiche appena citate erano proprio incompatibili con una missione che prevedeva addirittura l'allunaggio. Si dibatté quindi sulla fattibilità e l'utilità della cosa, ma a posteriori possiamo rasserenarci sapendo come è andata a finire e avendo potuto godere in diretta delle meravigliose immagini provenienti dalla Luna. Oltretutto la decisione venne presa anche pensando al pubblico del mondo intero, compreso chiaramente il popolo americano, che avrebbe finanziato in modo indiretto l'impresa. Tornando agli algoritmi, il Pulse Code Modulation venne usato invece in via principale per la trasmissione dell'audio, cioè il segnale vocale dei membri dell'equipaggio, che veniva convertito in forma digitale utilizzando proprio questa tecnica. Inoltre, vennero utilizzati algoritmi di compressione personalizzati: la NASA ne sviluppò di specifici e ottimizzati per i dati di telemetria e le condizioni operative delle missioni Apollo. Tali algoritmi sfruttavano la ridondanza e le caratteristiche specifiche dei dati raccolti dai sensori della navicella. Ed ecco che la grande mole di dati e l'esperienza accumulata durante le missioni spaziali, non solo del Programma Apollo, hanno contribuito a migliorare e talvolta a reinventare determinati concetti legati alla compressione dei dati. A oggi, le applicazioni nella vita quotidiana sono davvero molte.

Poco più sopra si accennava a creazione e condivisione di contenuti multimediali, ma cosa accade effettivamente in detti casi e perché la compressione è fondamentale? Senza questa tecnologia, la trasmissione di video e la condivisione di dati in generale richiederebbero molto più tempo e risorse, con un notevole impatto negativo sull'esperienza utente, a causa di una maggior larghezza di banda necessaria e conseguente aumento dei costi. Infatti, un maggior consumo di larghezza di banda porta a congestione della rete e potenziali interruzioni del servizio, con tempi di caricamento più lunghi e frequenti interruzioni della riproduzione video, che provocano frustrazione negli utenti. E non è finita, dal momento che si verificherebbe un deciso aumento dei costi legati allo spazio di archiviazione necessario per gestire gigantesche quantità di dati non compressi. Parlando di immagini, uno dei formati di codifica più diffuso è senz'altro il JPEG, che ognuno di noi ha nominato almeno una volta, il quale prevede perdita di informazioni durante la compressione. Un'alternativa *lossless,* cioè che preserva tutti i dati originali, è invece il formato PNG. Parlando di audio impossibile non menzionare i formati MP3 e AAC, che appartengono alla categoria *lossy*, la cui alternativa *lossless* è rappresentata per esempio dal formato WAV. Nell'ambito dei video l'argomento è più complesso in quanto è corretto parlare di formato di contenitori, come i classici MP4 o MOV, all'interno dei quali troviamo dei codec di compressione video come H.264 e H.265. Questi ultimi sono ora i più diffusi, con il primo che fornisce un buon equilibrio tra qualità video e dimensione del file mantenendo un'ottima compatibilità e il secondo che sa offrire fino al doppio della compressione senza sacrificare la qualità, permettendo di ridurre in modo significativo le dimensioni dei file. Le principali piattaforme per lo streaming video e la televisione digitale, come YouTube, Netflix o Prime Video, sfruttano proprio tali formati di codifica, utilizzando spesso l'H264 per lo streaming in qualità HD e avvalendosi dell'H.265 per i contenuti in 4K, il tutto con contenitore MP4. Naturalmente esistono decine di formati diversi (MPEG, AV1, VP9, ecc.), i quali possedendo caratteristiche specifiche divengono adatti ad applicazioni particolari, migliorando ancora di più le prestazioni e la qualità dello streaming e sapendosi adattare a requisiti di compatibilità e alle condizioni di rete degli utenti.

In conclusione, cari giurati, appare evidente come le missioni spaziali abbiano avuto un impatto significativo sul miglioramento delle tecnologie di comunicazione in diversi modi, diventando parte integrante della nostra quotidianità. Questa è la dimostrazione che la scienza è neutrale e porta grandissimi benefici per l'uomo anche quando nasce per fini bellici e di supremazia ideologica e militare.

La scienza può essere addirittura un modo per disinnescare una guerra, il XX secolo ne è testimone. Tutti lo siamo e lo saremo ancora in futuro!

La conquista di altri mondi e i giganteschi ostacoli sormontati per farlo in qualche modo hanno contribuito significativamente a permetterci di vivere appieno le esperienze del mondo digitale di oggi. Comunicare a lunga distanza ha portato allo sviluppo di antenne ad alta potenza e direttività, nonché di sistemi di modulazione e codifica avanzati per massimizzare l'efficienza di trasmissione. Le tecnologie sviluppate per consentire comunicazioni veloci e a bassa latenza con navicelle e sonde spaziali hanno trovato applicazione nelle odierne reti ad alta velocità. La trasmissione di grandi quantità di immagini e video ad alta risoluzione in tempo reale, nonché di dati scientifici complessi e molto diversificati, ha stimolato lo sviluppo di tecnologie per aumentare la larghezza di banda e portato allo sviluppo di sistemi di elaborazione di segnali avanzati e di algoritmi di compressione, divenuti la base dello streaming odierno. Quindi ricordate, cari giurati, la prossima volta che guarderete un film su Netflix, ringraziate per prima cosa scienziati e astronauti!»

Quando concluse, l'avvocato Maraggi, ringraziò e come suo solito, prima di accomodarsi, percependo la tensione che ormai insieme al caldo opprimeva l'intera stanza, rivolse lo sguardo all'accusa e fece una delle sue consuete battute.
«Spero solo, signori della corte, che dopo la mia arringa, gli illustrissimi colleghi della controparte non decidano di lanciare dalla finestra i propri televisori, qualcuno potrebbe farsi male.»

Diverse risate serpeggiarono nell'aula.

Fu la volta dell'accusa, la quale, dopo essersi consultata, decise che era giunto il momento di giocare pesante e (voi perdonerete questo mio personale commento) sporco, abbandonando ogni regola non scritta del buon dibattito, per fare appello alla natura più intima e primitiva dell'essere umano: le emozioni.

Erano le ore 16.00, l'ora dell'avvoltoio.

Un premio Nobel, un naso per fiutare su Marte e la lotta al terrorismo

Ore 16

Dal banco dell'accusa si alzò uno degli avvocati, un tipo eccentrico, sulla cinquantina, alto, pingue e ben vestito, tra i colleghi era noto, per l'appunto, come l'avvoltoio, perché sempre pronto a cibarsi dei propri avversari dopo aver atteso con pazienza un loro errore. Con un gesto della mano fece cenno alla guardia giurata, che si avvicinò a un carrellino su cui poggiava uno schermo LCD ancora spento. Allora l'avvocato chiese ai giudici il permesso di poter mostrare alcune fotografie. Il tono della voce era gentile e affabulatore, più che un avvoltoio sembrava un incantatore di serpenti: le parole erano il suo strumento, la giuria il cobra da incantare. I giudici acconsentirono, anche la difesa non mosse alcuna obiezione, sebbene ignorasse il contenuto di quelle foto. L'uomo, quindi, estrasse dalla sua ventiquattrore una chiavetta USB, la consegnò alla guardia giurata, attese che questi predisponesse il tutto e poi, gentilmente, gli chiese di far partire la presentazione. Dallo schermo, non più nero, cominciarono a scrosciare in ripetuta sequenza, come una pioggia battente, istantanee di popoli devastati dalla guerra, dalla siccità, oppressi dalle malattie e dalla fame. Ad affiancarle un'immagine fissa: il rover Curiosity della NASA immerso nel polveroso rosso-arancio delle dune e del cielo marziano. L'avvocato dell'accusa tese il braccio sinistro, con l'indice indicò lo schermo su cui erano proiettate le foto, sul volto una maschera d'indignazione e poi la frase: «Guerre, terrorismo, malattie, siccità, c-a-r-e-stie» con un colpo di teatro fece leggermente tremare la voce, si fermò, poi riprese a dire «affliggono il genere umano e la scienza che fa?! Nella sua stolta, folle presunzione, preferisce cercare acqua su un lontano pianeta, un relitto cosmico, un deserto!». Si fermò di nuovo, ma stavolta, muovendosi con lentezza, si voltò verso il pubblico, che si sporgeva dalle balaustre della galleria dell'aula, i suoi piccoli occhi marroni setacciarono a uno a uno i volti delle persone alla ricerca di quel germe emotivo, che con cura aveva seminato nei loro cuori e che ora, pian piano, si aspettava di vedere crescere nei loro occhi per germogliare in rabbia, disapprovazione o commozione: un humus di emozioni, terreno fertile per la sua vittoria. «Ditemi» riprese «quanto vale la fame o la sete di questi bambini? Vale forse meno la vita di milioni di persone lacerate dalla guerra, rispetto a esplorare con robot costosissimi, un pianeta come Marte? Lasciate che vi risponda io: no!» Smise di parlare e tornò al suo posto, lasciò il resto del lavoro alle immagini, che intanto continuavano a ripetersi sullo schermo in un loop senza fine.

A questo punto della storia, qualcuno di voi potrebbe obiettare alla sottoscritta di non essere una narratrice capace o, peg-

gio, di essere in mala fede, di non aver rispettato le regole del gioco, perché fin qui ho omesso le parole dell'accusa, lasciando spazio solo a una delle due parti. Ebbene, in verità, questa è e resterà l'unica che leggerete, e non perché io voglia operare un maldestro tentativo di censura, anzi, la motivazione è quanto mai semplice: le parole dell'avvoltoio avevano funzionato!

Per la prima volta dall'inizio del processo, l'accusa era riuscita a creare una frattura, non solo tra i giurati, ma all'interno della stessa corte, ancor più tra il pubblico, che si divideva ormai tra chi aspettava impaziente la risposta della difesa e chi, invece, con frasi pronunciate a metà o con il semplice annuire del capo, accoglieva le obiezioni mosse dall'accusa o, per meglio dire, dall'avvoltoio. Ma la motivazione, a essere sinceri, è anche un'altra, più profonda e, come ogni abisso nell'accecante buio del suo fondo, conserva il più spaventoso dei leviatani: la realtà. E la realtà è che al genere umano, specie nei momenti di fragilità e crisi, come quelli che il mondo dovette affrontare all'epoca dei fatti narrati, bastano poche, semplici parole per disorientarlo: un distillato di sillabe e suoni capace di ubriacarne i cuori e le menti. E così, nel corso della storia, l'uomo ha odiato altri uomini, poi ha chiamato streghe le donne, le ha arse vive, ha creduto che alcuni popoli potessero avere più diritto di altri di esistere. E in ultimo questo, eccoci, ancora una volta poche parole ben assestate rischiavano di raccontare una verità fasulla o una falsità vera, se preferite; ancora una volta, l'umanità stava per scegliere il rito catartico della dolce menzogna, per lavar via dalla coscienza le proprie responsabilità scaricandole su altri, ignara che mentendo stava ingannando se stessa. Questo è il fine della mia scelta di citare l'avvoltoio, sollevare il velo della fallacia, far respirare la verità. Della stessa opinione doveva essere anche la difesa che nella figura dell'avvocato Tommaso Nicolò si preparava a rispondere.

Queste due parole fecero eco nella testa dell'avvocato Nicolò per un tempo imprecisato. «Guerra e terrorismo.» Stavolta fu lui stesso a pronunciarle sottovoce, mentre con lo sguardo accigliato, in parte nascosto dai ricci corvini, fissando un punto imprecisato alle spalle della corte, si versava un bicchiere d'acqua. La sua non era preoccupazione, aveva già capito come ribaltare la situazione a proprio vantaggio, ciò che lo animava era rabbia. Una rabbia che gli montava ogni qual volta qualcuno, specie se un collega, si accingeva a mistificare la verità. Pare, infatti, che, sin da ragazzo, si lanciasse in arringhe e polemiche in difesa della verità, talvolta anche per cose che chiunque avrebbe ritenuto di poco conto, ma che per lui, in quel momento, assumevano un valore assoluto; insomma, un moderno Don Chisciotte. Tale rispetto per la verità del neo venuto aveva suscitato, nel corso degli anni, l'ilarità dei colleghi più cinici e infidi, i quali raccontavano la leggenda per cui il nostro, da bambino, avrebbe intentato causa ai suoi genitori per avergli fatto credere che Babbo Natale esistesse. Tornando al processo, dicevamo di come quelle due parole, guerra e terrorismo, avevano fatto nido nella mente dell'avvocato Nicolò, il quale, consapevole di dover recuperare la ragione per riuscire a sovvertire il risultato, bevve il bicchiere d'acqua, tirò un sospiro rumoroso e iniziò.

«Guerre, terrorismo, malattie, siccità, c-a-r-e-stie, dice il collega, sono i mali che affliggono il nostro mondo e ha ragione! D'altra parte, basta guardarsi intorno, solo un pazzo negherebbe! Pur tuttavia, onorevoli giurati, illustrissimi signori della corte» *fece con un tono tra il serio e il faceto,* «è la seconda parte del discorso pronunciato dall'accusa quello su cui vi invito a soffermarvi. Il collega asserisce che la colpa della mancata risoluzione delle guerre, del terrorismo e del resto dei problemi del pianeta sia da imputare alla scienza, colpevole di negligenza verso le problematiche umane, anteponendo a esse, cito, la ricerca di acqua su di un lontano pianeta, un relitto cosmico, un deserto, o ancora, esplorare con robot costosissimi un pianeta come Marte. Ebbene, oggi sono qui per dimostrare che quanto sostenuto dall'accusa non risponde al vero.

Oggi sono qui per dimostravi come, ogni giorno, Marte, il relitto cosmico, sventi il terrorismo e il narcotraffico.

Ma per farlo è necessario che io vi racconti una storia.»

Detto questo, avanzò di qualche passo verso la giuria, si girò e camminando, come era solito fare quando aveva bisogno di concentrarsi, ricominciò.

«Praga, 12 agosto 2013, la pioggia aveva appena cessato di tormentare le tegole dell'enorme edificio alla periferia della città. Guardando dalla finestra dell'ultimo piano, H. roteava in modo attento e lento il polso sinistro, gonfio e dolorante: "Se non morirò ammazzato, mi ucciderà l'artrite" disse rivolgendosi alla sua ombra, poi allungò il braccio verso il tavolino di vetro e prese l'accendino. Il fumo si sollevò dalla sigaretta simile a un sottile velo da sposa, iniziò a danzare nell'aria, e raggiunse infine il solaio, dove il bianco spento della vecchia vernice si alternava al verde e al grigio della muffa, tradendo un serio problema d'infiltrazione mai risolto. L'edificio era stato costruito agli inizi del Novecento e, come tutte le cose che abitano la periferia, uomini e case, era stato abbandonato a se stesso, dimenticato da Dio e dagli uomini: il luogo perfetto per chi vuole rendersi invisibile, il luogo perfetto per H.

H., così lo conoscevano tutti, o per meglio dirla H. era l'unica cosa che si conosceva di quell'uomo, una lettera, probabilmente l'iniziale del nome, o del cognome o forse altro, chissà. In effetti, anche quel dettaglio contribuiva a rendere l'uomo ancor più sconosciuto e misterioso di quanto già non fosse. Alto, snello, con un naso aquilino poggiato su un paio di baffi brizzolati, ingialliti dal fumo di sigarette senza filtro, nel corso degli anni, H. aveva sviluppato quello che molti definirebbero un profilo singolare, fosse anche solo perché, non importava se estate o inverno, indossava sempre una coreana di lino che lasciava cadere sciattamente su jeans di colore nero. Di carattere schivo e taciturno, lo si sentiva parlare solo per due ragioni: lamentarsi dell'umidità di Praga che gli causava lancinanti dolori alle articolazioni rosicchiate e deformate dall'artrite oppure quando la conversazione si spostava sulla politica. A quella parola, l'uomo si spogliava da ogni reticenza, i nodi della lingua prendevano a sciogliersi, si liberavano dalla gabbia dei denti e con voce profonda come la notte e ruvida come una vecchia quercia cominciava a parlare. Chiunque si sia imbattuto nei suoi discorsi, racconta di un uomo brillante, ma al contempo inquietante; c'è chi lo paragona a un mistico profeta, qualcuno al monaco russo Rasputin, chi semplicemente lo definisce pazzo, qualcuno tutte queste cose insieme. Quello che è certo è che per H. le sue non erano parole al vento: ogni sillaba che usciva dalle labbra socchiuse ai suoi occhi appariva come parte di un disegno via via sempre più chiaro, un disegno tremendo, un disegno di vendetta. H. era figlio del nulla, partorito da uno di quei paesini dell'Europa orientale consumato dalla povertà e dilaniato dalle continue lotte intestine tra potenti. Appena undicenne aveva già conosciuto la morte, gli era venuta incontro con le sembianze di una mina inesplosa scoppiata sotto i piedini bianchi della sorella di appena quattro anni. Era poi tornata a trovarlo quando aveva diciassette anni, questa volta il volto era quello del suo cane, preso a calci dai soldati, senza motivo, per gioco. E così, per gioco, quel giorno H. prese a calci il suo cuore fino a spingerlo giù negli abissi, fino a sopprimerne anche l'ultima luce di umanità, l'ultimo atomo d'amore.

Fu l'istante in cui nasceva il male dal male, perché esso non conosce altro modo di venire al mondo se non generando se stesso.

H. lasciò la miseria della propria casa, lasciò ogni cosa, non erano molte, portò con sé solo la memoria, di essa si è cibato, con essa si è dissetato, su di lei ha dormito, ha lavorato, con lei ha pianto e ora con lei si preparava ad agire. Mancava ormai poco al G20, "la grande assise di porci", così la chiamava, che quell'anno si sarebbe tenuta il 5 e 6 settembre nella città russa di San Pietroburgo e H. aveva progettato ogni cosa, il percorso, l'ora, la posizione esatta dove avrebbe fatto detonare la sua memoria, "memento": un ordigno, composto prevalentemente da tetranitrato di pentaeritrite, piccolo abbastanza da entrare in una telecamera di quelle usate dai giornalisti. Il piano era semplice: sarebbe arrivato a Pietroburgo passando dal mar Baltico, per poi navigare lungo il fiume Neva, poco fuori dalla città. Da lì avrebbe proseguito a piedi fino all'albergo prenotato mesi prima, non uno qualunque, ma quello destinato ai giornalisti che avrebbero affollato la città durante il G20. Una volta lì, doveva trovare il modo di trafugare un pass da reporter, a quel punto il gioco era fatto. Gli sarebbe bastato aspettare la foto di rito con tutti i rappresentanti dei venti Paesi alla mercé degli obiettivi fotografici e delle camere da presa, avrebbe posizionato la sua "memento" camuffata da videocamera abbastanza vicino da garantire il risultato sperato e, chiusi gli occhi, avrebbe lasciato che la memoria urlasse, sbattendo sul volto di tutti, compreso il suo, per lasciare poi posto al vuoto più profondo e incolmabile: il silenzio.

I mesi volarono e, finalmente, solo ventiquattro ore lo separavano dal giorno atteso per una vita intera. H. era arrivato in albergo di pomeriggio, sul tardi, aveva consumato un pasto molto leggero e raggiunse la camera numero 57, dove lo attendeva una piantina dell'albergo, che dopo il check-in aveva dispiegato con cura sul letto. Iniziò a correre con il dito indice lungo i corridoi, dopo alcuni minuti di ricerca era riuscito a trovare ciò che stava cercando: lo spogliatoio dei camerieri. Attese che facesse buio e, aiutato solo dalla memoria, raggiunse la porta con la scritta PERSONALE, poggiò la mano sul pomello e fece per aprirla. Era chiusa. Una scossa d'ira gli salì lungo la schiena: come aveva fatto a non pensare che la porta sarebbe stata chiusa, come era possibile che un dettaglio tanto stupido gli fosse sfuggito?! Si calmò, dovette farlo, non era il momento di farsi prendere dal panico, era lì, aveva pianificato tutto e avrebbe trovato una soluzione. Cominciò a frugare nelle tasche dei jeans, prima in quelle posteriori, nulla; poi passò a scandagliare il fondo di quelle laterali. Sussultò, qualcosa nella tasca sinistra gli aveva punto un dito, la prese, era una spilla da balia, messa lì giorni prima come una specie di punto di sutura per chiudere il buco comparso nella tasca. Prese a deformarla, affinché potesse entrare nella serratura e aprirla. Sapeva come fare, aveva vissuto e viaggiato abbastanza da riuscire a forzare una semplice serratura. Dopo un paio di tentativi, la porta si aprì, entrò e prese dalla cesta dei panni sporchi una divisa da cameriere. Si cambiò velocemente, nascose i suoi abiti e tornò svelto in camera. Riaprì la piantina, questa volta il dito si mosse nella direzione opposta, verso l'ala ovest dell'albergo, quella riservata ai giornalisti. Durante la cena, aveva preso posto al tavolo vicino a quello dove sedevano alcuni di loro, proprio per capire quali stanze gli erano state assegnate. Ancora una volta il fato fu dalla sua, perché uno dei reporter cominciò a lamentarsi del fatto che nella sua camera non ci fosse un balcone su cui poter uscire a fumare: la 404. La trovò. Ora bisognava inventare una scusa con la quale poter bussare alla porta e farsi aprire, si ricordò che l'uomo indossava una fede. Era sposato. Allora, preso il cellulare dalla scrivania, uscì nuovamente dalla camera e svanì nel buio dei corridoi che percorse fino alla 404; ebbe un istante di esitazione, poi con le nocche della mano destra bussò piano. Dalla camera una voce assonnata e confusa, erano ormai le 3 del mattino, domandò chi fosse. H. si sforzò di dare un tono servile e preoccupato alla voce e disse: "Mi scusi signore se la disturbo a quest'ora della notte, ma c'è sua moglie che la cerca al telefono, dice che è urgente".

H. udì l'uomo alzarsi dal letto bofonchiando una cosa del tipo "per una volta che spengo il cellulare, ma cosa sarà mai di così urgente?". L'uomo aprì la porta, era un francese sulla sessantina e, anche se in pigiama non mancava di eleganza, subito H. entrò porgendogli il telefono.

"Pronto, Charlotte, che succede?" Nessuna risposta. "Pronto?!"

Diede le spalle ad H. che non esitò un istante. Cogliendolo di sorpresa, con un gesto repentino gli tappò la bocca e gli bloccò le braccia. L'uomo si dimenava, era forte. H. allora lo spinse sul letto schiacciandogli lo sterno con le ginocchia, prese il cuscino, gli coprì il volto e fece pressione, chiuse gli occhi e quando li riaprì l'uomo giaceva inerme con il braccio sinistro che penzolava giù dal letto. Per un istante, guardando quel corpo, gli parve di vedere il celebre quadro di Jacques-Louis David *La morte di Marat*, ma, scacciato via quel pensiero e, con la fronte imperlata di sudore e il respiro affannato dalla lotta, si lasciò cadere sul letto al fianco del cadavere, dove rimase tutta la notte senza chiudere occhio. La mattina arrivò stranamente presto e H. capì che era il momento di risolvere gli ultimi due problemi: sbarazzarsi del cadavere e fare in modo che il resto dei giornalisti non badasse all'assenza del collega. Si guardò intorno, vide il cellulare, lo accese e inviò un messaggio nel gruppo degli addetti stampa, dicendo di non aspettarlo, che si era svegliato presto per fare un salto al mercato di ploshchad Konyushennaya, la piazza principale della città e che li avrebbe raggiunti più tardi. Restava il cadavere, cosa farne? Non aveva molto tempo, doveva ancora recuperare i suoi vecchi abiti, cambiarsi e raggiungere il luogo prestabilito, perciò decise che, anche se azzardata, bisognava optare per la soluzione più semplice: svestire il cadavere, coricarlo e lasciare fuori dalla porta, appeso al pomello il cartellino con scritto non disturbare. Tanto, pensò, quando se ne accorgeranno sarà troppo tardi. Così fece e un'ora dopo percorreva la Vystavochnaya ulitsa, in direzione del Palazzo di Costantino, con il pass da giornalista al collo, il cavalletto e la camera da presa saldamente impugnati nella mano sinistra.

Quando arrivò, il piazzale era già pieno, in migliaia tra giornalisti e fotografi si contendevano le posizioni migliori. L'intero perimetro era circondato dagli uomini della polizia in assetto antiterroristico e per raggiungere il luogo dove sarebbe stata scattata la foto di rito era necessario passare i controlli di sicurezza. Nulla che lo preoccupasse, i dispositivi in forza alla polizia russa erano i classici scanner a raggi X, gli stessi che utilizzano negli aeroporti, quindi del tutto incapaci di rilevare il tetranitrato di pentaeritrite, che H. aveva scelto proprio per questa sua particolarità. Ma il fato è il padre di tutti i traditori e ciò che H. non sapeva e che di lì a pochi istanti gli avrebbe voltato crudelmente le spalle. In occasione del G20, infatti, il ministro dell'economia statunitense aveva fornito alla polizia russa un ultimo ritrovato tecnologico: l'EASYTEC-XP.

Si trattava di uno strumento piccolo, facile da utilizzare, simile ai lettore scanner che utilizzano i commessi nei supermercati, ma capace di rilevare con un'accuratezza di parti per miliardo ogni tipo di esplosivo, compreso il tetranitrato di pentaeritrite. Quella del ministro era una vera e propria strategia pubblicitaria, che aveva l'obiettivo di dimostrare al resto del mondo la superiorità tecnologica degli Stati Uniti e l'importanza di investire nel mercato americano, ignorando che quell'idea lo avrebbe reso un eroe per il mondo intero. Quando H. arrivò ai controlli, con serenità mostrò il pass e fece un sorriso, attraversò lo scanner a raggi X, non suonò, ormai era fatta. Si immerse fra i corpi dei finti colleghi per cercare di arrivare in prima fila, doveva essere vicino abbastanza da colpirli tutti e con gran fatica riuscì a guadagnarsi un angolo della curva sinistra. Allora, prese a posizionare con cura il cavalletto, sembrava un vero professionista, ma in realtà era solo il fare attento e minuzioso di chi non vuole e non può fallire. Prese la camera-bomba e cominciò a fissarla per bene al cavalletto con le apposite viti a coda di rondine, che fece roteare in più giri rapidi. Quando la vite si preparava a compiere l'ultima rotazione, rallentò, la torsione avvenne lenta, come se essa fosse lì a simboleggiare per H. il suo ultimo istante, l'ultimo giro d'orologio. Strinse forte, si girò verso i venti capi di Stato e li trovò che si scambiavano strette di mano e risate dal suono omerico, allora ripensò allo sguardo del suo povero cane, alle risate spietate e violente dei soldati che lo avevano strappato alla vita; ripensò alle lacrime di sua madre mentre stringeva tra le braccia le macerie umane di un corpo che un tempo chiamava "bambina mia". Chiuse gli occhi, come faceva ogni volta che voleva ricordare. Quel gesto era il tacito consenso dato alla memoria, l'attimo in cui il suo corpo si svuotava di tutto, sangue, muscoli, ossa, carne per lasciarsi abitare dallo spirito della memoria. Trasse fuori dalla tasca un piccolo telecomando, mise il dito sul pulsante, non restava altro da fare che accendere la camera da presa e poi premere quel bottone, ma, mentre stava per farlo, qualcosa lo distrasse. Un bip acuto e sempre più frequente iniziò a risuonare tra la folla, H. si guardò intorno, capì che lo avevano scoperto, ma come? Cosa aveva sbagliato? Non fece in tempo a darsi risposta, le sue gambe guidate dalla memoria si erano lanciate in una corsa verso i venti, ma fu subito interrotta, uno dei militari riuscì a bloccarlo scaraventandolo al suolo e schiacciandogli lo sterno con le ginocchia, ripensò al giornalista che aveva ucciso. L'uomo in divisa, con un gesto repentino, gli sottrasse il telecomando e, in quell'istante, se foste stati lì, avreste potuto vedere il fato abbandonare H. e lasciarlo solo nella sua miseria. La miseria umana, quella dell'ingiustizia del singolo necessaria a correggere la legge del male che genera se stesso.

Vede, signor presidente, dunque, come sia bastato un piccolo strumento, uno spettrometro (IMS, si veda l'immagine 6 della sezione fotografica), a sventare un attacco terroristico organizzato sin nel più piccolo dei particolari? Mi potrete obiettare che non ho chiarito in che modo esso sia legato alla ricerca spaziale o, a essere ancor più precisi, a Marte. Ebbene, scopriamolo insieme partendo dal principio. Potremmo dire che la spettrometria così come la intendiamo oggi ebbe inizio alla fine degli anni Ottanta del diciannovesimo secolo, quando Sir. Ernest Rutherford, brillante scienziato, iniziò a indagare la natura dell'atomo: quel misterioso microcosmo costruito su regole ribelli ed elusive. Ben presto il suo lavoro lo spinse a interessarsi al comportamento che gli ioni gassosi mostrano all'interno di un campo elettrico, ignaro che da quei primi timidi esperimenti sarebbe nata una tecnologia capace di rivoluzionare il mondo della ricerca e la vita di tutti i giorni. Prima di proseguire, però, è necessario chiarire cosa sia uno ione. A scuola abbiamo imparato che ogni elemento chimico, ogni atomo, in condizioni standard, ha una carica neutra. Ci sono però dei casi in cui gli atomi possono perdere o acquistare elettroni. Questi processi prendono il nome di ionizzazioni e le particelle che ne derivano sono per l'appunto gli ioni. Uno ione è perciò un atomo la cui carica non è più neutra. Essi si distinguono in cationi, quando a seguito della perdita di elettroni acquistano carica positiva e in anioni, la cui carica è negativa in conseguenza all'acquisizione di uno o più elettroni. Fatta tale doverosa premessa possiamo tornare a Rutherford e ai suoi studi. Dicevamo di come si fosse interessato allo studio del comportamento degli ioni quando questi si trovano immersi in un gas e in un campo elettrico. Nel 1887, ciò che Rutherford e i suoi collaboratori notarono fu che gli ioni creati colpendo gli atomi con i raggi X si muovevano, all'interno del campo elettrico, seguendo un percorso ben preciso in base al tipo di carica posseduta e in un tempo che variava in funzione delle loro caratteristiche fisiche, riuscendo così a determinarne la mobilità. Una scoperta molto interessante, che però, per ragioni a noi ignote, o forse perché seppellita sotto le macerie delle due guerre mondiali, finì per essere abbandonata fino al 1948, anno in cui gli studi sugli ioni e la loro mobilità ripresero. Per tutto il ventennio che va dagli anni Cinquanta agli anni Settanta del secolo scorso l'attenzione sull'argomento crebbe molto e con essa iniziarono a nascere nuove tecnologie capaci di sfruttare le proprietà degli ioni nei modi più disparati, tra cui anche i primi spettrometri a mobilità ionica, strumenti capaci di separare e caratterizzare tantissimi tipi di sostanze. Per capire a fondo di cosa stiamo parlando, dobbiamo immaginare uno spettrometro IMS, in linea generale, come un cilindro suddiviso in più aree, ognuna con un compito ben preciso: la camera di ionizzazione, il tubo di deriva e il rivelatore. Tramite una piccola apertura il campione viene trasportato da uno specifico gas di trasporto all'interno della camera di ionizzazione, in cui è presente una sorgente capace di trasformare in ioni gli atomi del campione da analizzare. Uno dei metodi più utilizzati è la ionizzazione chimica, che prevede l'uso di una sorgente radioattiva, come l'isotopo 63 del nichel. Successivamente gli ioni si spostano nel tubo di deriva in cui un campo elettrico debole li spinge a muoversi in direzione del rivelatore mentre un gas di deriva si muove nella direzione opposta e si comporta da barriera (fig. 2).

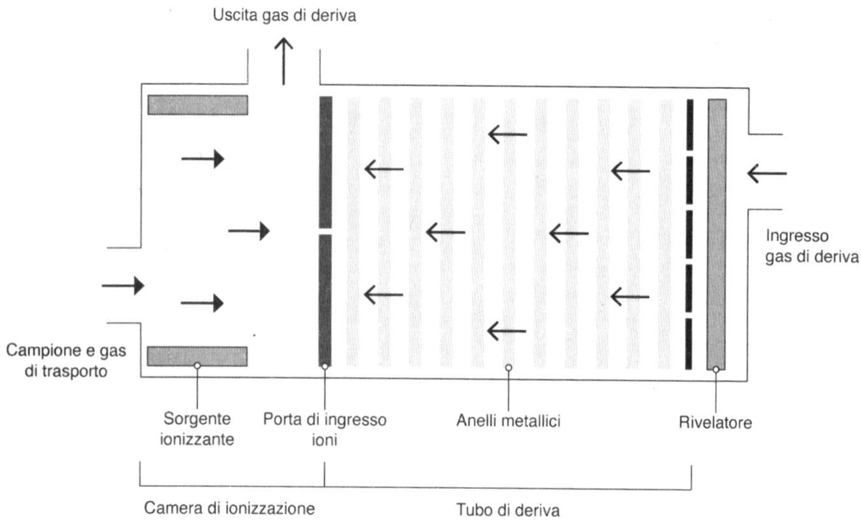

Figura 2. Rappresentazione schematizzata e semplificata del processo di funzionamento di uno spettrometro a mobilità ionica (IMS).
Le frecce da sinistra a destra indicano il verso del campione e del gas di trasporto. Le frecce da destra a sinistra indicano il verso del gas di deriva.

Potremmo immaginare gli ioni come salmoni, il tubo di deriva è il fiume e il gas al suo interno è l'acqua che scorre.

TUTTA COLPA DELLA RICERCA SPAZIALE
immagini

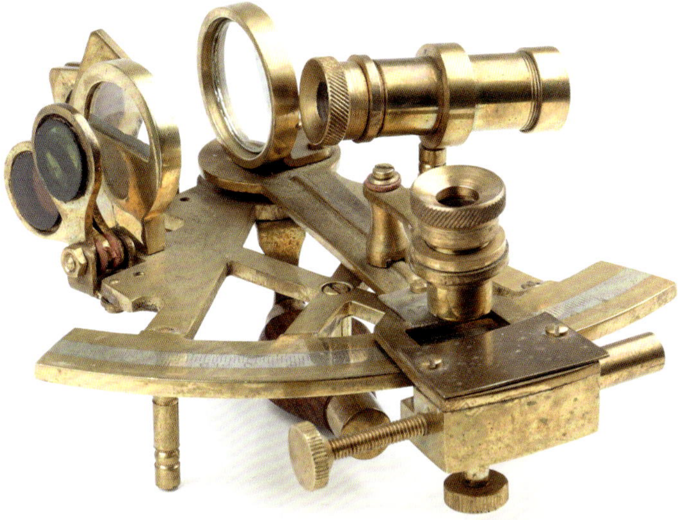

1. *Vecchio sestante nautico con ottica isolata.*

2. *Esempio di giroscopio.*

3a. *L'astronauta Fred W. Haise Jr., pilota del modulo lunare della missione Apollo 13, mentre testa sulla Terra l'«Apollo Surface Drill» (il trapano lunare).*

3b. *Lo scienziato-astronauta Harrison Schmitt, pilota del modulo lunare dell'Apollo 17, usa una paletta di campionamento regolabile per recuperare campioni lunari durante la seconda attività extraveicolare dell'Apollo 17 (EVA-2).*

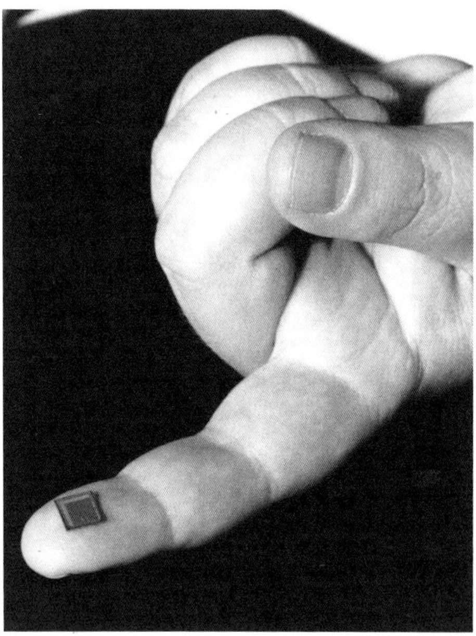

4. *Eric Fossum e il suo team al JPL, inventori del moderno sensore CMOS. Nell'ingrandimento si notano le dimensioni ridottissime del chip, che ha poi trovato impieghi in ogni ambito della moderna tecnologia.*

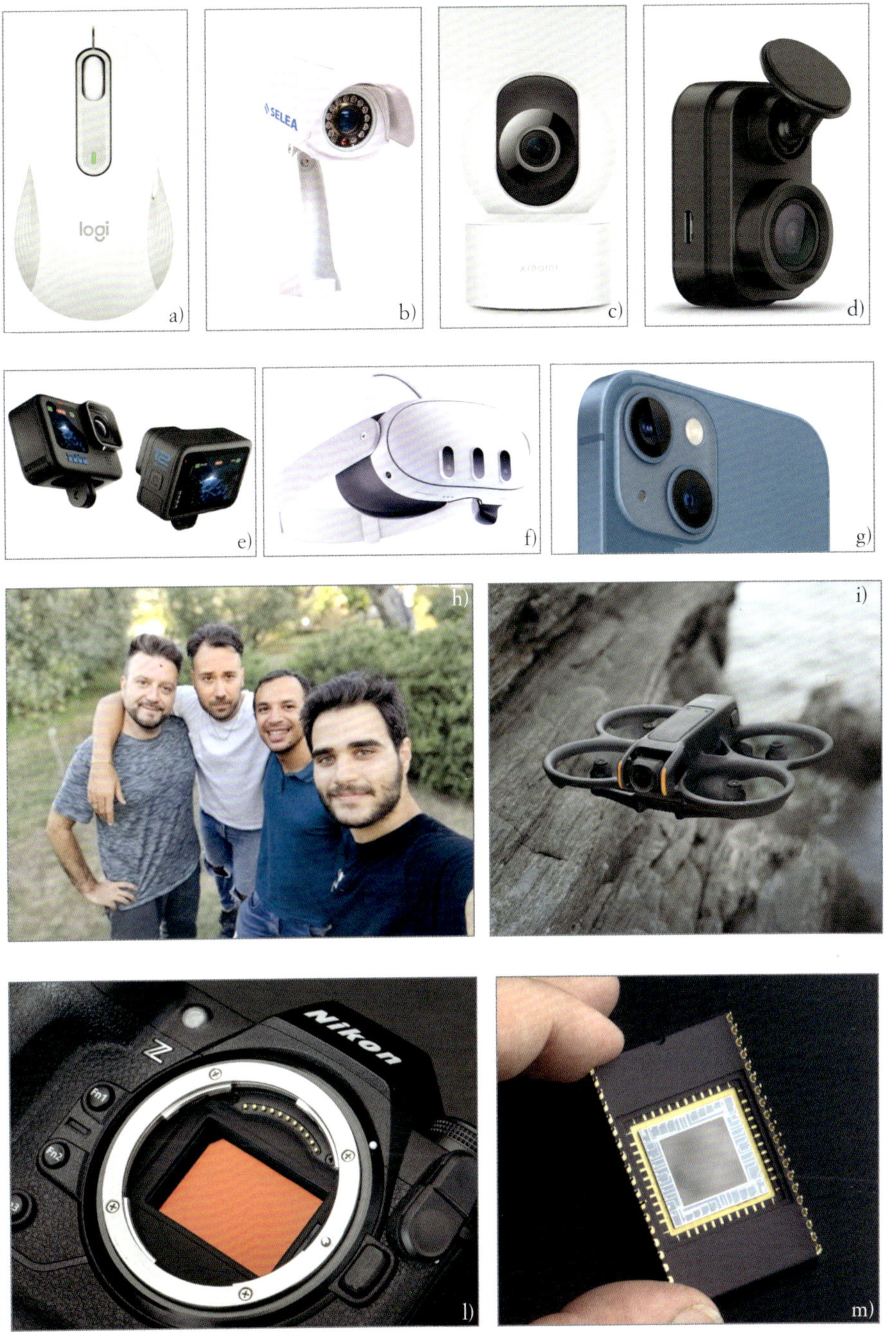

5. *Alcuni esempi di come il sensore CMOS sia entrato nell'elettronica di consumo e abbia contribuito a rivoluzionare moltissimi settori tecnolgici di uso quotidiano. Nell'immagine: a) mouse ottico; b) telecamera stradale ad alta risoluzione; c) videocamera di sorveglianza domestica; d) videocamera da cruscotto per auto (dash-cam); e) action-cam; f) visore di realtà virtuale; g) doppia fotocamera su smartphone; h) selfie scattato con smartphone; i) drone; l) fotocamera reflex. In ultimo (m), per confronto, un chip CCD, la tecnologia che è stata superata dal CMOS.*

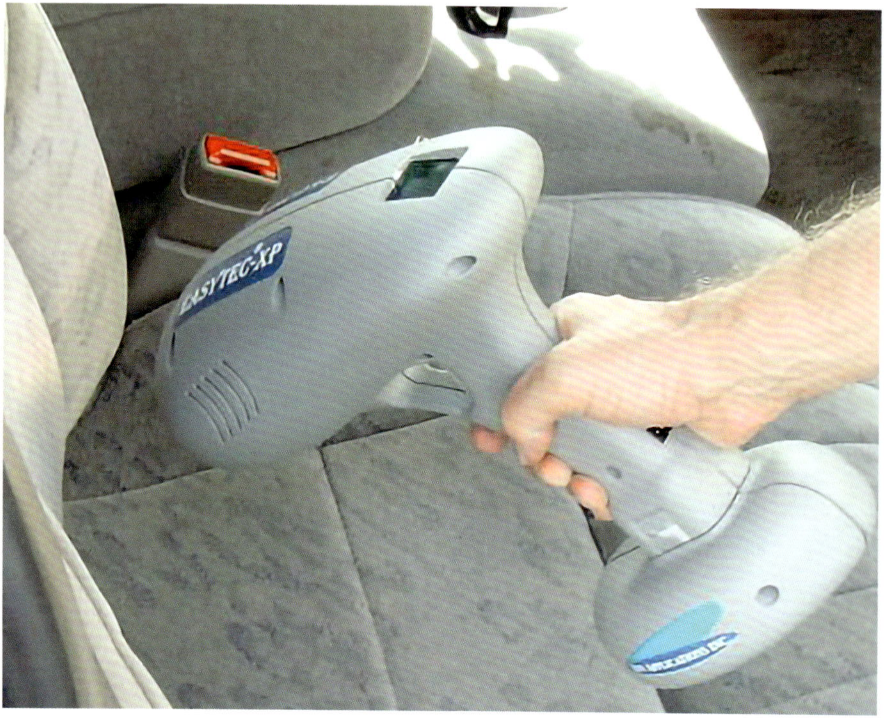

6. *In figura un modello dello spettrometro a mobilità ionica (IMS) portatile EASYTEC-XP ormai di uso comune in aeroporti, altri luoghi pubblici e privati.*

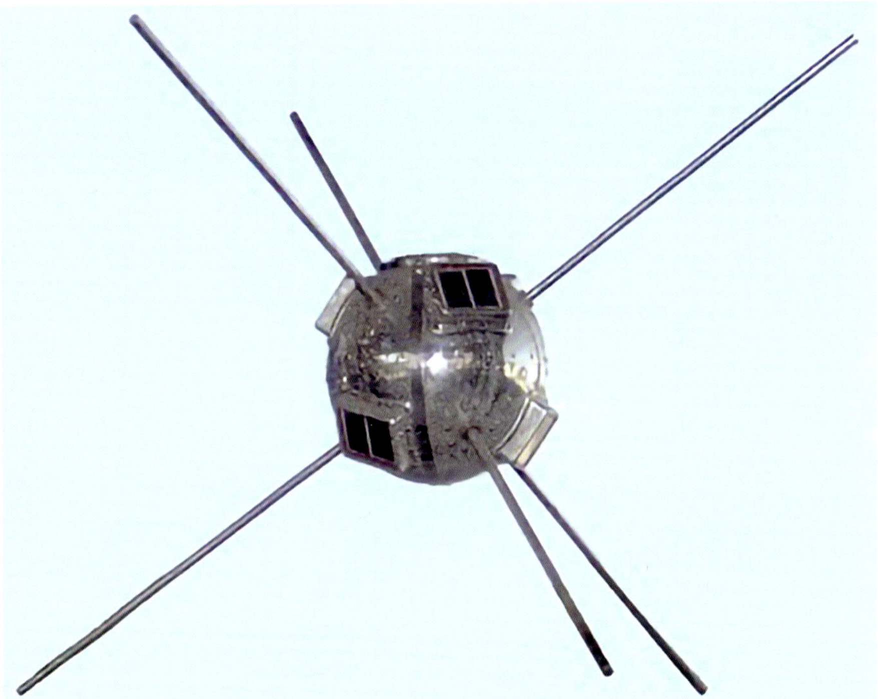

7. *Ecco il Vanguard 1, il primo satellite che ha montato dei pannelli fotovoltaici.*

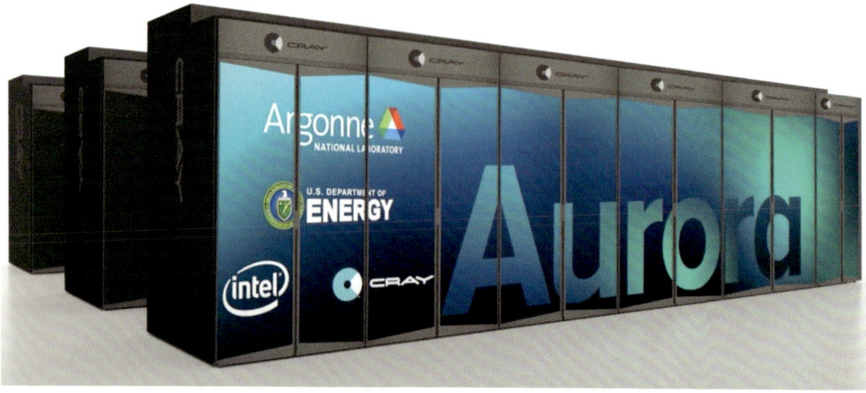

8. *Il supercomputer Aurora, il secondo al mondo in termini di potenza di calcolo, ospitato presso l'Argonne National Laboratory (USA).*

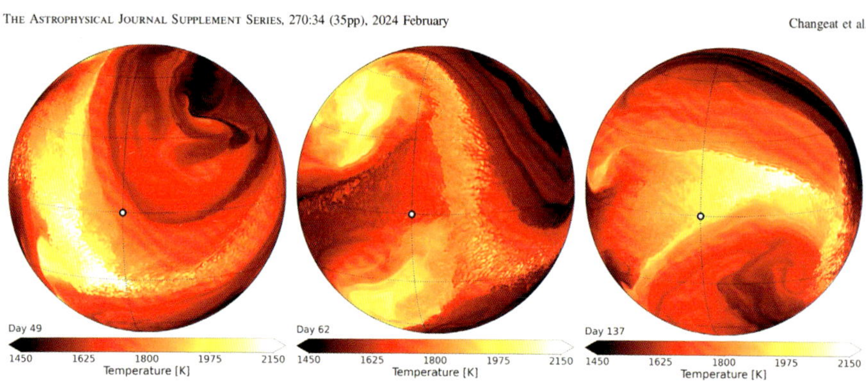

9. *La variazione della distribuzione spaziale della temperatura sul pianeta extrasolare WASP-121b nell'arco di circa tre mesi. Mappa ottenuta grazie ai supercomputer del Cambridge Service for Data-Driven Discovery (CSD3) e basandosi sui dati osservativi del Mikulski Archive for Space Telescopes (MAST).*

Allo stesso modo in cui i salmoni per arrivare in cima al fiume e deporre le uova devono nuotare controcorrente e sfidare la forza dell'acqua, così anche gli ioni per arrivare al rivelatore devono sfidare le particelle del gas che muovendosi nella direzione opposta al rivelatore si scontrano con gli ioni e ne rallentano la velocità. Il tempo di mobilità ionica, infatti, altro non è se non il tempo impiegato dallo ione per arrivare dal punto d'ingresso fino al rivelatore e dipende da due fattori: la massa (uno ione molto grande colliderà con molte più particelle di gas rispetto a uno di massa minore, rallentando inevitabilmente la sua corsa) e la struttura (in base alla conformazione che lo ione possiede ci sarà una maggiore o minore possibilità di interazione con le particelle del gas, potremmo dire che è una questione di aerodinamica). Alla fine, dopo essere riusciti ad attraversare il tubo di deriva, gli ioni arrivano in prossimità del rivelatore: una piastra in metallo di forma circolare meglio nota come piastra di Faraday, responsabile del campo elettrico generato nel tubo di deriva. Quando uno ione la colpisce genera un picco di corrente, che grazie a un sistema di amplificazione viene facilmente registrato. Le caratteristiche del picco elettrico in funzione del tempo impiegato dallo ione ci permettono di capire la natura del campione analizzato. La tecnologia IMS, insieme ad altre, come la gascromatografia, trovò da subito largo impiego in molti settori, dall'ambito militare, permettendo agli eserciti di rilevare esplosivi e agenti chimici impiegati in guerra, passando per la medicina, la sicurezza ambientale e, in ultimo, ma non per importanza, anche nella ricerca astrobiologica.

Illustrissime signore e illustrissimi signori della corte, permettetemi ora di prendere in prestito l'immagine del rover Curiosity, che l'accusa ci ha gentilmente dato in pasto per chiarire quale sia stato il contributo apportato alla tecnologia IMS dalla ricerca aerospaziale.

La rapidità d'analisi, nonché la buona precisione della tecnologia IMS, infatti, attirarono nel primo decennio degli anni Duemila l'attenzione degli scienziati della NASA, che lo ritennero uno strumento utilissimo per svelare i segreti del pianeta Marte e aggiungere un nuovo importantissimo tassello al mistero che sta dietro alla grande domanda: siamo soli nell'universo?

Lo scopo della NASA era quello di equipaggiare i futuri rover che avrebbero passeggiato su Marte con un IMS. Come un potentissimo naso da segugio lo strumento avrebbe dovuto trovare molecole e composti chimici fino ad allora mai rilevati. C'era però un enorme ostacolo da superare, o per meglio dire, un insieme di enormi ostacoli da superare, primo fra tutti le dimensioni. Se, infatti fino a ora abbiamo parlato dei grandi vantaggi di questa innovativa tecnologia, quello che non si è detto è che gli spettrometri a mobilità ionica sono nati come strumenti molto ingombranti, grandi come tavoli da pranzo; solo in seguito vennero rimpiccioliti, ma non oltre le dimensioni di un vecchio televisore a tubo catodico, troppo grandi per essere ospitati a bordo di un rover delle dimensioni di una city car, dotato di una così ampia varietà di strumenti da far invidia ai laboratori terresti. In verità, quasi tutti gli altri problemi, dai costi elevati per la costruzione di strumentazioni così grandi fino alla quantità di energia necessaria per mantenerli funzionanti, erano tutti legati alle dimensioni dello spettrometro, che perciò doveva essere per forza rimpicciolito. Inoltre, si sa, gli scienziati sono persone particolarmente esigenti (e masochiste) al punto da pretendere non solo che fosse più piccolo ma che riuscisse anche a superare in sensibilità e accuratezza i suoi "fratelli terrestri", per così dire, e il tutto in condizioni ambientali estreme come quelle presenti sul pianeta rosso. Insomma, potremmo dire che l'obiettivo della Nasa era quello, per citare il film d'animazione Disney, *Aladdin*, di racchiudere "fenomenali poteri cosmici in un minuscolo spazio vitale!".

Dopo anni di fogli appallottolati e lanciati nei cestini della spazzatura, di matite rosicchiate e di meningi spremute come limoni, la svolta si è avuta, grazie al Programma ASTID (Astrobiology Science and Technology Instrument Development) lanciato dalla stessa NASA. ASTID è nato dall'idea dell'agenzia spaziale americana di coinvolgere anche aziende private, incoraggiando lo sviluppo di tecnologie innovative utili alla ricerca astrobiologica, ma dal facile risvolto pratico nella vita quotidiana. Ebbene, nel 2011, la sfida è stata accolta dall'azienda Ion Applications Inc. della West Palm Beach in Florida, che, dopo mesi di lavoro in collaborazione con il Programma SBIR (Small Business Innovation Research), ha presentato il Mini-cell IMS, uno strumento al contempo piccolissimo, robusto, molto affidabile ed estremamente sensibile, capace di rilevare qualsiasi cosa in parti per miliardo (1 molecola di sostanza in 1.000.000.000 di molecole presenti nell'ambiente). Il Mini-cell IMS è composto da una cella miniaturizzata composta da ceramica e Kovar, che è stata abbinata a un'elettronica semplificata e a un software molto performante per il controllo, l'acquisizione e l'analisi degli spettri. Il naso perfetto per i futuri rover marziani, ma non solo. L'azienda, infatti, date le elevatissime prestazioni del Mini-cell IMS, ha pensato bene di incorporarlo in un dispositivo IMS portatile, proprio l'EASYTEC-XP, lo stesso che ha fermato H. nel suo attentato. Uno strumento, di facile utilizzo, rapido e molto economico. Uno strumento, che in assenza del desiderio umano di trovare una risposta alle grandi domande dell'universo, non sarebbe mai nato e, forse, quel 6 settembre del 2013 lo avremmo ricordato come l'ennesimo giorno in cui tornava a imporsi la legge del male che genera se stesso.»

Mentre pronunciava queste ultime parole, l'avvocato Nicolò si avvicinò allo schermo LCD, era rimasto acceso per tutto il tempo della sua arringa, prese il telecomando poggiato sul bordo del tavolino e premette un pulsante. Dal monitor sparì l'immagine del rover Curiosity e tutto lo schermo fu invaso dalla rappresentazione della crudeltà umana. In quel gesto, il giovane avvocato tornava a ribadire quanto aveva appena detto a parole e tutti, compreso l'avvoltoio, presi da un senso di colpa, per la prima volta distolsero lo sguardo dallo schermo. Stavolta l'accusa fu colta di sorpresa, lo si leggeva sui loro volti. Nessuno avrebbe mai immaginato che un veterano del foro come l'avvoltoio, abituato alla vittoria, potesse assaggiare il gusto amaro della disfatta dalle parole di un giovane avvocato. Con visibile imbarazzo impastato a livore, uno degli avvocati dell'accusa si alzò in piedi e spense il monitor. Poi, rivolgendosi ai giudici disse, recitando maldestramente la parte dell'ironico: «Signori illustrissimi della corte, abbiamo appena udito non un avvocato, ma un cantastorie, che dico cantastorie, un aedo greco! Pare, inoltre, illustrissimi signori, che i miei colleghi della difesa amino molto questo modus operandi, e, per non tarpare le ali a un sì fatto impeto narrativo» *rise* «noi preferiamo ascoltare altre storie prima di replicare». *Fece una pausa e guardò con disprezzo verso la controparte poi concluse secco:* «con fatti!». *Quella risposta vestita da sicurezza era in realtà lo specchio dell'imbarazzo: il re era nudo e tutti potevano vederlo!*

Una scommessa di straordinario successo

Ogni tecnologia sufficientemente avanzata
è indistinguibile dalla magia.
Arthur C. Clarke

Ore 17

Il re era nudo e tutti potevano vederlo, lo sapeva bene l'avvocato Marco Bastoni della difesa che si stava preparando a rispondere. Stimatissimo e noto tra i colleghi per la sua memoria elefantiaca e per il ciuffo bianco platino alla Doctor Strange in perfetto contrasto con la formalità del gessato blu che ama indossare, Marco Bastoni non passava di certo inosservato tra la folla. Era un uomo sulla quarantina, simpatico, dalla risata contagiosa e il cui cuore, come per Maraggi, a un certo punto della vita non era stato più suo: diviso in parti uguali lo aveva donato alla professione forense e all'astronomia.

Quest'ultima lo aveva rapito in un pomeriggio di primavera, quando il giovane Marco Bastoni aveva appena otto anni. Come ogni sabato il padre si faceva trovare fuori scuola, puntuale e sorridente, con in mano una videocassetta appena noleggiata al solito negozio che avrebbero guardato insieme nel tardo pomeriggio, dopo un bel giro in bicicletta al parco. La videocassetta del sabato era una tradizione di famiglia consolidata, e Marco l'adorava. Ogni volta moriva dalla voglia di sapere in anticipo in quale avventura sarebbe stato catapultato, quali nuovi personaggi o mondi avrebbe conosciuto, ma riusciva sempre a vincere la curiosità, perché più forte di quella c'era solo il desiderio di compiere quel rituale magico con la sua famiglia.

L'ora del film arrivò. Marco corse al televisore, sotto c'era un registratore della REX, lo accese e inserì la videocassetta. The Black Hole *di Walt Disney recitava l'etichetta.*

Con gli occhi sorridenti e ricolmi di luce, quelli che appartengono solo a quei padri che sanno amare davvero, il papà di Marco osservava la scena. Il registratore, ormai credo non ce ne siano più in giro, cominciò a emettere il suo solito ronzio misto a soffocati rumori di parti meccaniche in movimento, poi smise: era il segnale. Il piccolo Bastoni raggiunse il divano, su cui papà lo attendeva. Dall'altoparlante della TV una sigla iniziò a risuonare in tutta la stanza, archi e trombe si alternavano in una melodia dal suono a tratti sinistro, mentre sullo schermo compariva uno sterminato oceano di stelle solcato in ogni direzione da una rete verde perfettamente piatta (ci sarebbero voluti anni al piccolo Marco per capire che quello era lo spazio-tempo!), che all'improvviso s'incurvava e precipitava dentro l'imbuto dell'impressionante buco nero, che tutto inghiotte. Gli occhi di Marco rimasero fissi, immobili per lo stupore, davanti allo schermo per tutta la durata del film. Non sapeva cosa stesse accadendo, non capiva, era troppo piccolo per farlo, ma quella sera il giovane Marco aveva ceduto una parte del suo cuore all'astronomia, quella sera, per la prima volta nella sua vita, si stava innamorando.

Proprio in nome di quell'amore che mai lo aveva abbandonato l'avvocato Bastoni, come quelli che lo avevano preceduto, si alzò e prese a parlare.

«Ebbene, i colleghi dell'accusa, si fanno beffe di noi, credendo di recarci offesa attribuendoci i nomignoli di cantastorie o aedi. Si sbagliano, anzi, io, tutti noi, li ringraziamo. D'altra parte, ditemi, cos'è l'uomo senza le storie? Cos'ha fatto sin dal suo primo respiro sulla Terra, se non raccontarsi storie, per vincere la paura del buio? E ditemi, dunque, colleghi, qual è la differenza tra fatti e storie, forse un domani qualcuno narrerà di tale processo, non sarà allora, divenuta anche questa una storia? Perciò, se gli illustrissimi miei avvocati della controparte lo concedono, io continuerei raccontando una scommessa di straordinario successo.»

Fece una breve pausa, poi continuò.
«VENI...
7.05 del mattino: la app Sveglia dello smartphone stava riproducendo *L'inverno* di Antonio Vivaldi, un motivo abbastanza frizzante per non abbandonarsi di nuovo al sonno ma al contempo tranquillo e non snervante come il vecchio "buzz" delle radiosveglie negli anni Novanta. "Dava la carica mattutina" soleva dire David.

La mano di David si fece strada a fatica da sotto al cuscino e raggiunse il cellulare riposto sul comodino; premendo goffamente con le dita lo schermo riuscì in un paio di tentativi a disattivare la sveglia, con lentezza lo afferrò e lo portò davanti al suo volto ancora assonnato e con gli occhi semichiusi. Il pollice scivolò verso l'alto sullo schermo con naturale rapidità e la fotocamera frontale sbloccò lo smartphone, facendo apparire le colorate icone delle sue app.

Fra uno sbadiglio e l'altro, sempre con gli occhi non del tutto aperti e con la mente che pian piano carburava e riprendeva vigore (sarebbe servito un buon caffè, altroché!), rapido controllo mattutino dei social: che c'era di nuovo? Cosa era successo nel meta-mondo durante la notte?

Poco… e nulla di interessante, pensò mentre controllava i messaggi (e di nuovo la fotocamera frontale si attivò per sbloccare l'applicazione), quindi ultimo sbadiglio, ripose lo smartphone sul comodino e si alzò dal letto. "Oggi lunga giornata…" rifletté senza completare la frase mentre si sgranchiva i muscoli della schiena. In effetti, lo sarebbe stata davvero: un paio d'ore di lavoro al mattino (ma solamente dopo una soddisfacente colazione) e poi via all'aeroporto. Viaggio di lavoro. Lungo. Stancante. Entusiasmante.

Dopo la doccia di corsa in cucina per la colazione: succo di arancia e uova, delizia mattutina che non ci mise molto a far scomparire dal piatto. Il caffè solo alla fine, quale iniezione di vitalità per svegliarsi del tutto. "Ode all'1,3,7-trimetilxantina!" (la molecola della caffeina) esclamò mentre alzava la tazzina e ne annusava l'aroma.

Con la mano destra allontanò il piatto e il bicchiere vuoti e con la sinistra afferrò il computer portatile che stava all'angolo del tavolo, lo tirò a sé e lo accese collegando un mouse alla porta USB (il trackpad del portatile era scomodo). Inserita la password gettò uno sguardo rapido al polso destro per controllare se nel frattempo era giunta l'ora della sua videoconferenza di lavoro. Al polso solo il braccialetto ma niente smartwatch. "Dove l'ho lasciato?" mugugnò. Tornò in camera, lo sguardo cadde sul comodino, afferrò lo smartwatch e lo indossò svelto: le 8.25, cinque minuti e il suo meeting online sarebbe iniziato. La fioca luce verde sotto lo smartwatch gli illuminò appena il polso, scomparendo una volta ben serrato il cinturino. "È la luce verde dei Tommyknockers…!" sghignazzò sorridendo. Quel libro lo aveva letto vent'anni prima, come diavolo gli era venuto in mente?

Tornò al portatile, mosse il mouse spostando il puntatore verso l'appuntamento nel calendario e fece partire la chiamata; la webcam in modalità automatica si accese inquadrando il suo volto. La luce del Sole mattutino filtrava dalla finestra e illuminava il tavolo della cucina proprio vicino alla sua mano; non poté fare a meno di pensare, nella rapida frazione di un istante, che quella piccola webcam lì al centro sul coperchio del portatile che lo fissava fornisse un'immagine chiara e nitida di sé ai colleghi seduti ovunque nel mondo (magari a due passi da casa sua ma comunque in un altro luogo diverso dal suo) e grazie alla connessione internet stavano lavorando insieme, parlando, comunicando, ognuno senza aver consumato una goccia di carburante per recarsi sul luogo di lavoro.

La call (il modo più veloce e moderno per dire "teleconferenza" oggi) finì in una mezz'oretta e non serve scendere qui nei dettagli di cosa David e i colleghi si dissero in quei trenta minuti; certamente parlarono della sua trasferta, ma la cosa degna di nota allo sguardo di David era che in quel lasso di tempo la luce del Sole si era spostata dal tavolo finendo sul pavimento.

Nella call gli era stato ricordato di portare con sé una mail con alcune istruzioni circa il lavoro che avrebbe dovuto svolgere: quella mail David l'aveva stampata tre giorni prima, aveva apportato alcune annotazioni a matita sul foglio di carta e l'aveva lasciata in ufficio sotto la tastiera della sua postazione, certo di riprenderla prima della sua partenza. Quanto si sbagliava. Il giorno del viaggio era ormai arrivato, il foglio si trovava ancora in ufficio, lui era a casa e l'orologio al polso gli confermava con certezza che non avrebbe mai avuto il tempo di tornare a prenderlo. O recuperare quel foglio o perdere l'aereo. Sbuffò e aggrottò la fronte e... idea! Smartphone alla mano (nuovamente sbloccato grazie alla fotocamera frontale e al software di riconoscimento biometrico) telefonò a un collega che si trovava in ufficio per farsi inviare almeno una foto di quel pezzo di carta: la mail l'aveva in digitale ma gli appunti no, quelli erano a matita sul foglio!

Il collega, a cui vennero fornite tutte le indicazioni su come e dove reperire il documento, scattò un'immagine al documento usando la fotocamera posteriore del suo smartphone e la spedì in HD a David. Quando salvò l'immagine ricevuta nel rullino foto l'orologio segnava le 9.39, era ormai giunto il tempo di uscire di casa.

Vestito e sistemato a dovere David infilò il portatile in un piccolo zainetto, lo issò in spalla, scese nel cortile dove aveva parcheggiato l'auto e salì. Cintura, accensione, retromarcia per uscire dal cancello: sul touchscreen dell'auto la retrocamera mostrò nitidamente l'immagine del vialetto d'uscita, assistendolo nella manovra in retromarcia.

In breve, David si trovò a guidare in autostrada cercando di sintonizzarsi su una stazione radio giusto per avere una voce (e qualche canzone) che gli chiacchierasse nelle orecchie durante la solitudine del viaggio verso l'aeroporto. Con le dita toccava il display dell'auto mentre i suoi occhi rimanevano incollati sulla striscia d'asfalto davanti a sé, per tenere sotto controllo direzione e traffico; talvolta, per capire quali tasti stesse davvero premendo sullo schermo, lanciava una rapidissima occhiata al display e questo portò l'auto ad avvicinarsi molto alla striscia bianca continua sulla destra della carreggiata, che separava la corsia di marcia da quella di emergenza. Non appena il veicolo posò le ruote sul nastro di vernice bianca il sistema automatico del superamento di corsia intervenne correggendo appena la rotta dell'auto, applicando piccoli aggiustamenti al volante che la sua mano percepiva come deboli vibrazioni. Ciò riportò subito gli occhi di David sulla strada ed entrambe le mani ben fisse sul volante.

"La tecnologia non ti fa sconti" esclamò a voce alta prima di rendersi conto che la stazione radio che aveva scelto non era poi così male. Mentre l'auto percorreva l'autostrada, e ancora un poco scosso dalla correzione automatica di rotta appena sperimentata, si trovò automaticamente a riflettere sul modo in cui tecnologie simili a quella del superamento di corsia avrebbero potuto essere efficaci, in un futuro che ormai apparteneva al presente, per il riconoscimento dei pedoni e dei segnali stradali così da rendere l'automobile davvero a guida autonoma e senza alcun bisogno di intervento del guidatore. Un futuro fantascientifico che David sentiva ormai a portata di mano ma ancora non poteva sperimentare. Alla radio passarono *You Shook Me All Night Long* degli AC/DC; alzò il volume e iniziò a cantare.

Infine, dopo un'ora di tragitto, uscito dall'autostrada, la torre di controllo dell'aeroporto fece capolino dai filari di alberi di periferia, segno che la meta era prossima; imboccò la rampa delle partenze e si diresse al parcheggio dove, ancora una volta, la retrocamera dell'auto diede una mano con il parcheggio assistito. Verificò di avere passaporto e chiavi dell'auto, mise lo zaino in spalla e via verso il check-in.

Il noioso disbrigo delle formalità aeroportuali si rivelò rapido e tecnologico: al tornello per accedere al gate di imbarco una colonnina automatizzata lesse digitalmente il suo passaporto e una fotocamera mobile inquadrò il suo volto, acquisendone l'immagine per confermare la sua identità con quella fornita dal documento ufficiale. In pochi secondi il tornello si aprì e David varcò la barriera. Camminò lungo un corridoio dove la fiumana di persone che usciva dagli altri tornelli digitali si stava incanalando, ognuno per raggiungere il suo gate di destinazione.

Gli aeroporti, soprattutto in certe aree, sono luoghi dove si è costretti a seguire direzioni prestabilite senza alcun grado di libertà di movimento.

David si trovava proprio in quella situazione, forzato dal corridoio a seguire la stessa direzione di tutti gli altri. Dopo alcune decine di metri lo spazio di fronte a lui si aprì permettendo alla folla di stemperarsi un poco; lo sguardo poteva farsi strada nel terminal quel tanto che bastava per notare di fronte a sé una nuova barriera, virtuale questa volta, ma pur sempre un "cancello" da varcare. Lì, dove il corridoio si apriva e offriva una migliore visione sul fiume in piena di persone, si ergevano ai lati due termocamere presidiate da due agenti di sicurezza aeroportuale. Sembravano due cineprese degli anni Ottanta ma in versione miniaturizzata, montate su cavalletto; erano di certo un ricordo del biennio 2020-2022, periodo in cui il mondo intero sperimentò la pandemia dei tempi moderni, e David notò con stupore che erano in funzione. Una volta oltrepassate, infatti, si era voltato indietro e sullo schermo dei monitor (sotto l'attento occhio della sicurezza) aveva visto tante macchie gialle, arancioni e rosse a forma di sagoma umana che camminavano e si affrettavano tutte nella stessa direzione. Nessun protocollo nazionale o internazionale prevedeva ancora la necessità di misurare la temperatura corporea per accedere agli aerei ma quei dispositivi, in quell'aeroporto, erano ancora in funzione per chissà quale motivo.

David affrettò il passo: dall'orario segnato sullo smartwatch il suo gate era già aperto e stavano procedendo all'imbarco, dunque doveva sbrigarsi. La luce verde (quella dei Tommyknockers) sotto la cassa del suo orologio tecnologico lampeggiò in fretta, filtrando debolmente dai lati del polso, e il software a bordo elaborò il segnale di quel lampeggio aggiornando sia il conteggio dei battiti cardiaci sia quello della quantità di ossigeno nel sangue. D'altra parte, l'aver affrettato il passo aveva richiesto un lieve sforzo che la sensibile tecnologia dello smartwatch non poté fare a meno di rilevare.

Arrivò al gate in tempo e dalle ampie vetrate dell'aeroporto, che davano sul parcheggio aeromobili, vide il muso bianco e longilineo, la fusoliera e la grande ala un po' ricurva dell'A380, l'aereo su cui avrebbe trascorso le prossime interminabili ore. Quella visione non era nuova per lui, eppure l'affascinava ogni volta: afferrò lo smartphone per registrare una piccola clip video (rigorosamente in 4K) da caricare sulla sua pagina social di quell'aereo ai suoi occhi meraviglioso. Una banalità, pensò, ma la verità era che dove la maggior parte delle persone vedevano un semplice mezzo di trasporto lui poteva "sentire" la bellezza delle leggi fisiche che permettevano la magia (in senso emotivo) del volo. Caricò il video sulla piattaforma social, quindi salì a bordo accomodandosi al suo posto, spostò lo switch dello smartphone in modalità aereo e si preparò al decollo, la parte del volo che lo emozionava (spaventava) di più.

Trascorsero le ore in volo: puntate di una serie TV, capitoli di un libro, un film, un tentativo di dormire, altre puntate di serie TV, l'atterraggio, il taxi, l'hotel, un po' di riposo vero in un comodo letto prima della cena.

David si diresse al ristorante dove due colleghi del posto gli avevano dato appuntamento per accoglierlo e per aggiornarlo sulle attività che avrebbe dovuto svolgere il giorno successivo. Una volta accomodati al tavolo ognuno di loro inquadrò con la fotocamera del proprio smartphone il QR code per visualizzare il menu e tutti procedettero con l'ordinazione. Chiacchiere, frasi spiritose, aggiornamenti lavorativi, brindisi e la cena trascorse. David si sentiva stanco, quasi esausto, e il giorno dopo avrebbe dovuto occuparsi del suo lavoro sul campo: il viaggio aereo, lungo e interminabile, unito a qualche bicchiere di vino rosso, si faceva sentire ora come il peso di diversi macigni sulle spalle. Non ci volle molto perché la compagnia si sciolse e David tornò in hotel, preparandosi per il riposo. L'ultima immagine che vide, prima di scivolare in un lungo sonno ristoratore, fu l'immagine di casa sua ripresa via internet dalla videocamera di sorveglianza che gli dava una chiara visione, grazie alla modalità "vista a infrarossi" della porta d'ingresso e di tutto il soggiorno. Chiuse l'app, impostò l'orario della sveglia e il suo respiro si fece calmo e rilassato.

Sognò qualcosa che non avrebbe ricordato, quando le saltellanti note de *L'inverno* di Vivaldi lo riportarono alla veglia. Il Sole era sorto di nuovo, la notte sfumata e la giornata lavorativa lo attendeva (ma soltanto dopo le uova per colazione!).

Alle 10.00 del mattino, con il Sole già alto nel cielo azzurro e senza nuvole, David era sul posto pronto per coordinare le operazioni.

Le ragioni per cui lui si trovasse lì, insieme a ciò che fece in quella giornata e a tutte le operazioni che si svolsero, in realtà non è di nostro interesse perché la nostra attenzione deve essere rivolta altrove, fra le mani di un collega di David che stringeva un telecomando bianco dotato di un ampio display. Davanti ai piedi dell'uomo, appoggiato al suolo, un drone di colore bianco attendeva silenzioso mentre i suoi lineamenti cromati riflettevano i luccicanti raggi del Sole. Il collaboratore con il radiocomando premette un pulsante e le eliche del quadricottero si avviarono: l'apparecchio si librò elegante a mezz'aria, sollevando un piccolo sbuffo di polvere. Leggero e aggraziato, con quel ronzio penetrante che richiamava l'attenzione e lo sguardo di tutti, il drone inquadrò con la sua telecamera a colori il gruppo di operatori che stava qualche metro sotto di lui, tutti col naso all'insù. Sul display del radiocomando l'immagine era nitida e chiarissima; David si portò di fianco all'operatore e agitò in aria la mano, rivolta verso il drone, in gesto di saluto: tutta la scena fu ripresa dalla telecamera e osservata dalla squadra sul display. "Siamo pronti" disse. E il quadricottero spiccò veloce il suo volo orizzontale verso la sua meta.

Le immagini erano splendide e trasmesse in diretta mentre loro potevano tenere tutto sotto controllo da quel piccolo display montato sul radiocomando. A David sarebbe tanto piaciuto avere uno di quegli aggeggi volanti per giocarci un po' a casa… già, ma avrebbe poi avuto il tempo di utilizzarlo?

Questo gli fece tornare in mente il destino della sua action-cam, tanto desiderata un giorno di qualche anno prima e che ora sonnecchiava in un cassetto dell'armadio a casa sua. Sì, l'action-cam l'aveva utilizzata ma solo qualche volta: quando provò l'emozione del lancio con il paracadute, nel caso di qualche immersione subacquea (chiusa nel suo scafandro ermetico) e quando fece l'esperienza di speleologia guidata all'interno di una grotta nel ventre di una montagna; tutti ricordi di esperienze vissute in prima persona che ora erano registrate in uno o più spezzoni di file video e salvate nel suo archivio digitale insieme alle fotografie, sia quelle scattate con lo smartphone sia quelle di quando si divertiva con la sua reflex digitale qualche anno prima. Poi aveva parcheggiato tutto, sia l'action-cam che la reflex. Mancanza di tempo sicuramente. O forse la motivazione era un'altra. Chissà.

David tornò al tempo presente e suggerì qualcosa all'orecchio del collega che manovrava il quadricottero, poi alzò la testa e rivolse lo sguardo verso il cielo azzurro sopra di lui. Non c'era nemmeno una nuvola in tutto quel blu e quella visione gli trasmetteva un grande senso di pace e serenità.

Centinaia di chilometri più in alto, e proprio in quel momento, un satellite artificiale di telerilevamento (quelli che mappano la superficie terrestre e mettono a disposizione le immagini per i servizi di mappe e navigazione satellitare) sfilava sulla verticale dove David e la sua squadra stavano lavorando, con la sua fotocamera spaziale rivolta verso il suolo; così, l'istante di vita di quel gruppetto di persone (incuranti della presenza del satellite e che apparivano come microscopiche formichine viste dalla quota dello spazio), fu congelato come un piccolo e confuso gruppetto di pixel colorati sul sensore del satellite. Correndo velocissimo sulla sua orbita, ben presto il satellite li vide tramontare sotto l'orizzonte, lasciando ognuno di loro alla propria vita quotidiana con i propri pensieri, preoccupazioni, speranze, sogni e desideri.»

L'avvocato fece una lunga pausa, poi riprese la sua arringa.

«VIDI...

C'è grande differenza fra "guardare" e "vedere": il semplice atto di rivolgere lo sguardo verso qualcosa implica che l'occhio e la corteccia visiva del cervello si attivano lavorando insieme per permetterci di percepire il mondo che ci circonda. Questo è il "guardare", ovvero distinguere ciò che accade ed esiste intorno a noi; tuttavia, "vedere" implica l'attivazione di processi cognitivi più profondi che portano anche a comprendere e capire ciò che si sta guardando; la sostanza fra le due azioni è molto diversa. Il "vedere" implica, sì, il "guardare", ma lo estende e lo completa.

L'uomo ha l'abilità di "vedere", e può portare dentro di sé le immagini che vede, archiviate nella sua memoria sotto forma di ricordi.

Poi è in grado di tramandare quelle immagini, descrivendole o disegnandole, a individui che non hanno avuto la possibilità di osservare (e vedere) la medesima esperienza. E l'uomo per millenni ha fatto così, limitandosi a registrare nei ricordi ciò che vedeva con occhi e mente per poi riprodurlo in forme d'arte pittorica (e non solo) che si sono evolute sempre più con il passare del tempo: dalle raffigurazioni preistoriche sulla pietra fino a Michelangelo, Monet, Courbet e la lista sarebbe ancora lunghissima.

Dunque, partendo dall'alba dell'umanità, si sono susseguiti millenni e millenni di "vedere" e riprodurre in forma artistica come lascito; si dovrà attendere a lungo, fino ai primi anni dell'Ottocento, perché l'uomo riesca, per la prima volta, a imprimere, a fissare, a catturare e rendere permanente ciò che riesce a vedere con gli occhi riportandolo ad altri grazie ai propri ricordi; serviva attendere la nascita e i primi timidi passi della fotografia.

Pensate alla trasformazione: imprigionare in modo indelebile un momento di luce, un istante, una scena, un evento, la realtà intorno a noi e poterla mostrare (farla "vedere"!) a chiunque altro, al mondo intero. Quale incredibile trasferimento di informazione, quale straordinario mezzo di comunicazione e condivisione: bloccare l'attimo, congelarlo nel tempo e nello spazio per renderlo visibile a tutti e tramandarlo, conservandolo, per le generazioni a venire. Un'invenzione che cambia drasticamente il corso dell'esistenza umana a tutti i livelli.

Senza dubbio la potenza e le possibilità che la fotografia potevano esprimere conquistarono tutti gli ambiti e non è trascorso poi molto tempo (se lo paragoniamo ai millenni dove si poteva solo disegnare o scolpire) prima che diventasse qualcosa di accessibile a chiunque, soprattutto nei tempi moderni. Non c'è campo artistico, scientifico, professionale o commerciale che non abbia beneficiato in qualche modo della fotografia; anche l'esplorazione spaziale ne ha tratto vantaggi senza precedenti, basti pensare alla possibilità di registrare immagini dell'universo al telescopio che si possono studiare collettivamente, alle straordinarie fotografie dei panorami lunari delle missioni Apollo (perché sì, ci siamo andati sulla Luna! E intanto che ci siamo, ricordiamoci anche che la Terra è tonda!), alle prime immagini della faccia nascosta della Luna e dei pianeti del Sistema Solare catturate dalle prime sonde interplanetarie.

Per la prima volta nella storia dell'uomo è possibile, grazie alla fotografia, fissare e ricevere immagini per vedere mondi davvero lontani dal nostro, da sempre misteriosi e inaccessibili.

Capite, illustrissime signore e illustrissimi signori della corte, l'immensità delle conquiste che questa tecnologia ha reso realizzabili?

Il trasferimento tecnologico della fotografia nelle sonde interplanetarie agli inizi dell'era spaziale è un chiaro esempio della rivoluzione scatenata dalla fotografia: il sistema utilizzato era concettualmente del tutto simile a quello impiegato sulla Terra, ma molto più complesso, perché doveva essere eseguito in modo automatico, a distanza, e senza alcun intervento manuale dell'uomo. Serviva una pellicola fotografica da impressionare con la luce e poi da sviluppare in un brodo chimico; ma, mentre i negativi o le diapositive delle fotografie sviluppate a Terra si andavano a ritirare in negozio, come si poteva ricevere l'immagine da una sonda che si trovava a centinaia di migliaia di chilometri da noi?

Dopo che l'immagine s'imprimeva sulla pellicola, questa veniva sviluppata chimicamente a bordo della sonda stessa e in seguito digitalizzata da uno scanner a fotomoltiplicatori, quindi trasmessa via onde radio verso i ricevitori a Terra: un procedimento di certo complicato che richiedeva diverse parti meccaniche in movimento ma era anche l'unico possibile.

La sonda Luna 3 dell'Unione Sovietica, che nel 1959 per prima fotografò la faccia nascosta della Luna, era dotata di detta tecnologia di sviluppo, scansione e trasmissione dell'immagine.

Era possibile migliorare tale complesso sistema che mescolava meccanica, chimica ed elettronica e, magari, addirittura incrementare la qualità delle immagini trasmesse? Sarebbe stata l'elettronica del XX secolo a segnare un nuovo passo nell'evoluzione della fotografia con la scoperta e l'affermarsi del sensore CCD, il dispositivo ad accoppiamento di carica (Charge-Coupled Device).

Nel 1969, nei laboratori Bell, nasceva l'idea del CCD grazie a Willard Boyle e George Smith che saranno insigniti del premio Nobel nel 2009 proprio per questa scoperta. Sebbene all'inizio lo studio condotto dai due vertesse sulla creazione di un nuovo tipo di memoria, ben presto ci si rese conto del potenziale che il CCD poteva esprimere nel campo dell'imaging e della fotografia. Il principio di funzionamento del dispositivo è concettualmente semplice: la luce che colpisce una griglia di pixel sensibili (il sensore CCD) produce una debole carica elettrica che una scheda elettronica, a valle del sensore, amplifica e poi converte in informazione digitale; più luce incide su un pixel e più carica è prodotta da quel pixel. Viceversa, meno luce lo colpisce, meno carica elettrica è prodotta. Utilizzando dette differenze nelle cariche prodotte dai vari pixel la scheda elettronica è in grado di visualizzare punti più o meno luminosi e l'insieme di tutti i pixel della griglia riproduce l'immagine finale.

Però, una volta che la luce ha colpito i pixel e generato la corrispondente carica elettrica, questa deve essere trasferita dal chip alla scheda elettronica, dove sarà amplificata e trasformata in segnale fatto di bit. Il trasferimento della corrente avviene per "scorrimento" delle cariche elettriche al di sotto della griglia di elementi fotosensibili: nella pratica, i singoli pixel non sono in grado di trasferire, nello stesso momento, ciascuno la propria informazione acquisita verso la scheda elettronica ma devono tutti scaricare in sequenza (uno dopo l'altro, in serie, fig. 3a) verso un unico collettore, come se ci fosse un'unica "conduttura principale" che porta alla scheda elettronica. Dunque, i pixel del chip a contatto della conduttura scaricano qui la loro carica, i pixel della riga sopra trasferiscono l'informazione a quelli che stanno sotto che la trasferiscono a loro volta nella conduttura e via così per ogni riga successiva.

Esattamente come nel Tetris quando si completa una riga e tutta la struttura dei pezzi scende verso il basso, così le cariche "saltano", per così dire, da un pixel sottostante all'altro fino a raggiungere la conduttura principale che la spedisce alla scheda elettronica. Giunte alla scheda elettronica, le cariche sono qui amplificate e poi trasformate in un segnale digitale: sarà sempre la scheda a ricostruire, con la sequenza ricevuta dallo scorrimento delle cariche, l'immagine finale la cui luce ha colpito il chip CCD.

I benefici di questa tecnologia sono immediati, pensate per un istante al salto tecnologico che rendevano possibile: niente più chimica di sviluppo della pellicola, niente più rullini da installare nelle fotocamere, ma solo un piccolo chip sensibile alla luce che cattura le immagini e le trasforma in una sequenza di informazione pronta all'uso. È immediatamente chiaro che si tratta del componente ideale per migliorare il sistema fotografico delle sonde spaziali (ma non solo) e infatti la NASA lo adottò in breve tempo, utilizzandolo anche per le sonde Voyager che negli anni Settanta e Ottanta del secolo scorso compirono il "Grand Tour" del Sistema Solare.

Il CCD ha ottime proprietà di imaging perché è molto sensibile alla luce, di conseguenza uno dei settori che ne ha beneficiato fin dal primo momento è la ricerca scientifica, in particolar modo quella astronomica.

Il salto di qualità sarà così rivoluzionario che il CCD sbarcherà addirittura nell'astronomia amatoriale a partire dagli anni Novanta del Novecento. Ancora, il sensore CCD arriva nel settore della fotografia tradizionale (la prima fotocamera digitale è di Kodak e risale al 1975) e la prima videocamera basata su CCD è dei primi anni Ottanta. Una rivoluzione inarrestabile.

Dall'altro lato, però, il CCD ha dei limiti che risiedono nella sua stessa architettura tecnologica, nascosta dietro il "salto" delle cariche elettriche da un pixel all'altro. Innanzitutto, il trasferimento delle cariche porta naturalmente con sé un "rumore di fondo", ovvero un segnale che nulla ha a che vedere con l'immagine acquisita: questo rumore, mescolato al segnale vero dell'immagine, raggiunge la scheda elettronica e qui viene amplificato insieme ai dati interessanti e anch'esso trasformato in bit, "sporcando" di fatto l'immagine acquisita. Inoltre, l'operazione di trasferimento fra i pixel verso il collettore principale richiede un certo tempo per essere completata, dunque il CCD non è in grado di registrare video a frame rate elevati (ciò anche perché – insieme ad altre motivazioni – il sensore, dopo aver preso il primo fotogramma, invece che esser pronto a registrare il secondo è impegnato a far scorrere le cariche elettriche pixel per pixel verso la conduttura principale); inoltre, più alto è il numero di pixel nel sensore CCD e più il tempo di trasferimento sarà lungo.

Ancora, la gestione del salto delle cariche e della trasformazione del segnale elettrico in informazione digitale richiede un'elettronica di controllo complessa e non facilmente miniaturizzabile; il che porta come è ovvio a problemi di dimensioni e peso se questa tecnologia venisse orientata a dispositivi piccoli e portatili. E come se non bastasse il CCD, per eccellere nella sua qualità, in alcuni ambiti richiede un sistema di raffreddamento posizionato sul chip, che rientra in modo inevitabile nei problemi di ingombro e peso, nonché di elevato consumo elettrico. Ultime limitazioni, ma non per importanza: il processo produttivo del chip era costoso perché dedicato alla produzione specifica di quella tecnologia; e il sistema CCD e la scheda elettronica richiedevano un consumo elettrico che non era ideale all'impiego su dispositivi elettronici portatili, come fotocamere digitali compatte o come gli smartphone (che ancora non esistevano negli anni Novanta quando questo tipo di sensore iniziò ad affermarsi sul serio, ma avrebbero dominato il mercato dagli anni Duemila in poi), pena l'esaurimento della batteria in tempi rapidi. Questi limiti, quasi tutti risolvibili con specifiche procedure in ambito accademico, scientifico, spaziale e professionale, hanno di fatto impedito una reale penetrazione del CCD nel mercato mainstream e nell'elettronica portatile di consumo. Le fotocamere e gli smartphone moderni, infatti, non hanno a bordo questo tipo di sensore.

Per avere una seconda rivoluzione della fotografia digitale serviva un'idea che superasse i limiti del CCD ma che ne conservasse l'efficacia e i vantaggi, ed è qui che entra in scena la NASA.

Già a partire dagli anni Settanta esisteva una tecnologia parallela chiamata CMOS (Complementary Metal Oxide Semiconductors, o Semiconduttori di Ossido di Metallo Complementare) che veniva impiegata per la produzione di chip e microprocessori. Come nel caso del CCD, fu ben presto evidente come anche il processo del CMOS potesse essere utilizzato con facilità in ambiti di imaging e fotografia. Sebbene promettente, perché superava alcuni limiti architetturali del CCD come per esempio il consumo energetico, la produzione di sensori CMOS dedicati all'acquisizione di immagini era a quell'epoca, sul piano economico, insostenibile: troppo costosa da produrre per le tecnologie di litografia disponibili negli anni Settanta e con una qualità davvero scarsa perché soffriva di un forte rumore del segnale che abbassava drasticamente la resa finale delle immagini finali. Nonostante i bassi consumi energetici, molto più contenuti rispetto al CCD, il CMOS per imaging non poteva ancora essere una tecnologia confrontabile.

Vent'anni dopo, alla soglia dei primi anni Novanta, sarà l'ingegnere Eric R. Fossum del Jet Propulsion Laboratory della NASA a posare un'altra pietra miliare nel campo della fotografia, quella che ci porta dritti ai giorni nostri e alla storia di David di cui oggi, in questo tribunale, vi ho parlato.

Ma andiamo con ordine. Sebbene entrambe le tecnologie condividano una griglia di pixel fatta di elementi fotosensibili per acquisire l'immagine, la caratteristica distintiva del sensore CMOS è il modo in cui la carica elettrica prodotta dai pixel viene amplificata e trasferita: mentre nel CCD ogni pixel scarica in sequenza verso un'unica conduttura e la scheda a valle amplifica sia il segnale utile sia il rumore associato (fig. 3a), nel CMOS ogni singolo pixel implementa la sua specifica elettronica dedicata all'amplificazione della carica elettrica ed è anche in grado di trasferirla autonomamente, senza dover attendere i pixel adiacenti (fig. 3b). Capite la differenza fra le due tecnologie? Il CMOS richiedeva una miniaturizzazione di alcuni componenti elettronici a livello delle dimensioni dei singoli pixel (grandi appena pochi micron) presupponendo sofisticate e costose tecniche di lavorazione che sarebbero rimaste poco accessibili se non all'alba del nuovo millennio. La tecnologia doveva fare il suo corso per poter dare una reale chance al CMOS in ambito imaging.

Con le evoluzioni e le nuove scoperte ottenute nel corso di vent'anni in vari campi, come microelettronica, litografia, fabbricazioni di processori, informatica, e processi produttivi, alla soglia del 2000 il sensore CMOS era pronto per gareggiare con il CCD e fu Eric R. Fossum, insieme al suo gruppo al JPL (si veda l'immagine 4 della sezione fotografica), a trovare la soluzione per superare tutti gli insuccessi collezionati dal CMOS fino ad allora in ambito imaging.

La NASA dei primi anni Novanta fino alla soglia del nuovo millennio era guidata dalla filosofia "più veloce, migliore ed economico" del suo amministratore Daniel Goldin e sull'onda di questo pensiero Fossum rivolse la sua attenzione al miglioramento della tecnologia CCD a bordo delle sonde spaziali. L'unico modo era ottimizzare e miniaturizzare, ovvero ridurre peso e ingombro risparmiando denaro nelle singole missioni spaziali. Il CMOS, tecnologia degli anni Settanta che ne frattempo aveva beneficiato dei miglioramenti tecnologici degli ultimi vent'anni, poteva essere un ottimo candidato allo scopo e Fossum scommise sull'efficacia di quella tecnologia, impegnandosi nel convincere la NASA a investire denaro e risorse in quella direzione.

Eric sapeva bene che ogni precedente tentativo per il sensore di imaging basato sul CMOS aveva fallito fino a quel momento: "Sei un idiota a lavorare su questo" gli dicevano scherzosamente a quel tempo i colleghi quando conduceva i primi esperimenti su quella tecnologia. Ma Fossum forse aveva intravisto un potenziale, forse c'era davvero qualche possibilità di risolvere i problemi che affliggevano quella tecnologia, e lui scommise sul buon successo dell'impresa. Fece in modo di utilizzare tecnologie già esistenti (migliorandole!) per aumentare l'efficienza dei CMOS per immagini, apportando decisive evoluzioni per risolvere i problemi di rumore elettronico di cui questi sensori in particolare soffrivano. Nella pratica il team del JPL produsse un sensore per imaging basato sulla tecnologia dei sensori d'immagine a pixel attivi (APS, già inventati negli anni Ottanta in Giappone) ma fabbricato con i transistor CMOS. L'unione di queste due tecniche, implementate da altri miglioramenti, portò nel 1994 il sensore CMOS per imaging a poter iniziare il confronto con la tecnologia CCD.

La rivoluzione attuata dal JPL sul nuovo sensore, come abbiamo visto sopra, sta nel fatto che ogni singolo pixel integra l'elettronica, sotto forma di uno o più transistor, per amplificare ed elaborare il segnale.

Il tutto stipato nello stesso circuito, tutto miniaturizzato e implementato su ogni singolo pixel che, non dimentichiamolo, è anche in grado di trasferire in parallelo (fig. 3b) la propria carica elettrica (già amplificata!): il beneficio diretto è una maggiore velocità del sensore (perché i pixel scaricano "tutti insieme" e non in sequenza) unita a una drastica riduzione del rumore di fondo, perché l'informazione è amplificata direttamente sul pixel (mentre nel CCD doveva "scorrere" fino alla conduttura di trasferimento e qui si "sporcava", con il rumore che poi veniva amplificato insieme al segnale utile); inoltre, nel CMOS, il transistor di amplificazione risulta spento se non è utilizzato, quindi in quel caso non c'è consumo di corrente, il che porta a un decisivo risparmio energetico, una caratteristica sia utile per le sonde spaziali (dove l'energia è sempre un fattore critico) sia determinante nel settore dei futuri dispositivi portatili. Fu un vero capolavoro di miniaturizzazione, di aumento dell'efficienza, di riduzione dei consumi elettrici, di miglioramento del segnale e di abbattimento dei costi di produzione.

Fossum dimostrò alla NASA che i miglioramenti apportati alla tecnologia CMOS erano in grado di produrre un sensore di imaging con caratteristiche migliori del CCD:

Figura 3a. *Figura 3b.*

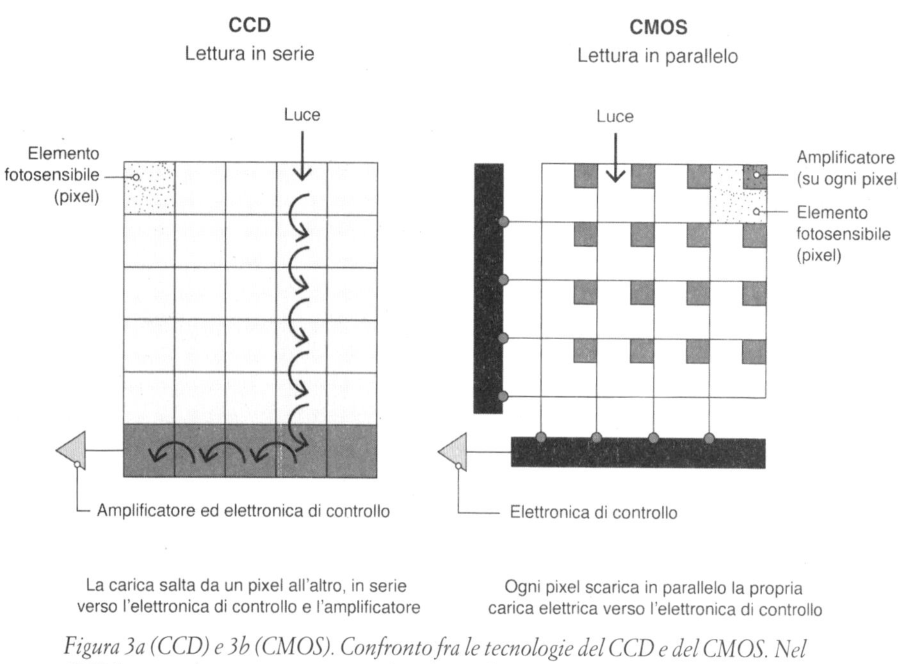

Figura 3a (CCD) e 3b (CMOS). Confronto fra le tecnologie del CCD e del CMOS. Nel CCD la carica deve attraversare tutta la colonna dei pixel e poi è inviata all'elettronica di amplificazione (scarico dei dati più lento, amplificazione del rumore); nel CMOS, invece, ogni singolo pixel implementa l'elettronica di amplificazione il che porta a velocità di scaricamento dati più efficienti e minor rumore. La miniaturizzazione ha posto importanti sfide, che hanno poi reso possibile il facile utilizzo del CMOS nell'elettronica di tutti i giorni.

minore rumore elettronico a tutti i livelli, alti frame-rate di acquisizione per registrare video (che hanno aperto le porte ai futuri video in HD), processo produttivo basato su tecnologie già utilizzate per fabbricare altri componenti elettronici (con ovvi benefici sui costi di produzione e sulle economie di scala), bassi consumi energetici.

Tutte queste caratteristiche, che risolvevano le limitazioni del CCD, avrebbero portato il sensore CMOS a raggiungere la definizione e l'efficienza dei CCD nel giro di pochi anni. L'obiettivo del JPL era raggiunto.

La NASA ora poteva avere sensori migliori, con meno limiti e a costi più bassi.

Sarebbe stato possibile trovare uno o più validi impieghi per quella tecnologia e renderla disponibile al mercato consumer?

Nel 1993 Eric e la sua squadra al JPL iniziarono a trasferire quella tecnologia al di fuori della NASA dove, ovviamente, incontrarono lo scetticismo generale sia dei produttori di CCD che di colleghi e altri scienziati; il pregiudizio era legato agli insuccessi che il CMOS aveva collezionato fino a quel momento, in generale considerato un espediente tecnologico che non aveva le carte in regola per imporsi nel campo dell'imaging. O forse lo scetticismo era solo il riflesso dei timori perché, soprattutto i produttori di CCD, intravedevano la reale rivoluzione che quel sensore avrebbe portato nel prossimo futuro. Fossum non cedette alla sfiducia del mondo esterno e nel 1995 fondò Photobit, una società per commercializzare la tecnologia nata al JPL che venne concessa in licenza ad aziende del calibro di Kodak, Logitech e Intel.

Il resto è storia: il genio era ormai uscito dalla lampada per non farvi mai più ritorno. Il sensore CMOS iniziò a diffondersi sempre più e ricevette ulteriori miglioramenti negli anni a venire, che lo resero sempre più competitivo in termini di prestazioni, costi, qualità ed efficienza. Il sorpasso sul CCD avvenne attorno al 2003 e da allora è iniziata l'era dei sensori CMOS per imaging come dispositivi maturi e super efficienti. Non c'è campo di acquisizione immagini dove il CMOS non sia arrivato prepotentemente, ispirando nuove applicazioni e impieghi, nuove mode e creando nuovi comportamenti socali. Ciò, soprattutto, grazie alla perfetta integrazione con i cellulari multimediali e con i palmari/PDA che in quegli anni spopolavano (usati per videochiamare, mandare MMS e mail), spalancando le porte all'avvento degli smartphone che, da lì a pochi anni, avrebbero dominato il mercato mondiale.»

L'avvocato Bastoni di nuovo si fermò, guardò il pubblico con fare teatrale, poi riprese a parlare.

«VICI...

A prima vista non è facile, oggi, comprendere quanto grande sia stata la portata di quella tecnologia perché la troviamo già bella e pronta nelle nostre mani e la diamo per scontata, come ovvia e naturale parte della nostra vita; anzi, probabilmente fatichiamo addirittura a ricordare come in passato riuscivamo a fare determinate cose prima che tutto questo fosse a nostra disposizione.

Provate a rifletterci.

Comunque sia, forse nemmeno le più forti speranze degli

uomini che l'hanno inventata avrebbero mai immaginato la diffusione che avrebbe avuto e la rivoluzione sociale a cui avrebbe spalancato le porte; e come ogni rivoluzione, si tratta sempre di una perfetta combinazione di fattori: una novità si accosta a un'altra e nel frattempo un'altra tecnologia matura e progredisce. L'unione del tutto nel giusto momento storico, grazie a menti brillanti e a investimenti di denaro nella ricerca e sviluppo, esplode in un ventaglio di possibilità che anni prima, al più, erano appannaggio dei film di fantascienza. Forse non si potevano nemmeno sognare quelle possibilità, tanto erano futuristiche per l'epoca in cui erano solo frutto dell'immaginazione.

Esiste, signor presidente e signori della corte, infatti un'enorme quantità di esempi che ci consentono di capire e toccare quotidianamente con mano la travolgente portata di questo fenomeno tecnologico. Partiamo dal basso, dagli oggetti forse più insospettabili.

Un piccolo dispositivo che ha beneficiato del sensore CMOS è stato il mouse del computer: all'improvviso, alle soglie del 2000, quel piccolo apparecchio di plastica con tre pulsanti e il filo si è trasformato sotto la scocca.

I segnali inviati al computer che muovevano la freccia sullo schermo erano da sempre basati sul rotolamento di una pallina posta al di sotto della base del mouse (chi se la ricorda?). Le rotelline a contatto con la pallina dovevano essere periodicamente pulite con uno stuzzicadenti, altrimenti con l'uso prolungato il mouse "slittava"; ebbene, la pallina venne sostituita con un piccolo sensore CMOS di imaging e con una luce led di colore rosso (in seguito diverrà una luce laser). La luce illumina la superficie su cui il mouse scorre e il sensore "vede" i movimenti, inviandoli al puntatore sullo schermo. La precisione di puntamento aumentava in modo drastico e il mouse, da allora, funziona anche su superfici estremamente omogenee o addirittura in posizione verticale (si veda l'immagine 5 della sezione fotografica).

Per detto miglioramento dobbiamo ringraziare la NASA e il team del JPL.

Rimanendo nel mondo dei computer, grazie al CMOS aziende come Intel, Logitech e altre aprirono al mondo la diffusione capillare delle webcam, sostituendo i costosi e rumorosi CCD che montavano i primi modelli e abbattendo i costi di produzione. Questo, insieme all'espansione di Internet e dei primi programmi di messaggistica istantanea, fece sì che le webcam arrivarono ad avere un prezzo accessibile al mercato consumer e iniziarono a connettere fra loro persone lontane. Ricordate MSN Messenger? Era il 1999. E il primo Skype? Era il 2003, solo per citarne alcuni. Tutto ciò avrebbe gettato le basi per quello che oggi, nell'epoca post-pandemia, sono lo smartworking, la didattica a distanza e le dirette in streaming, oggi basate su webcam evolute che possono registrare video ad alto frame rate in formato HD e superiore. Per la seconda volta dobbiamo ringraziare la NASA e il gruppo di lavoro del JPL.

Se mouse e webcam sembrano poca cosa, non è possibile ignorare l'avvento delle fotocamere digitali (compatte, reflex e in seguito le mirrorless) che sono passate rapidamente dall'impiegare il CCD all'adottare il CMOS per via dei benefici che abbiamo elencato prima: migliore durata della batteria, basso rumore e possibilità di registrare filmati ad alta frequenza. Tutti i grandi produttori di fotocamere, fra cui Canon, Nikon, Fuji, Sony, hanno adottato il sensore CMOS nelle loro fotocamere e ogni appassionato di fotografia o professionista oggi ha la tecnologia del JPL fra le mani tutte le volte che cattura un istante di vita con la fotocamera. Ecco perché dovremmo davvero ringraziare quei ragazzi della NASA!

Certo, la rivoluzione che l'avvento del digitale ha avuto nel settore della fotografia meriterebbe un libro a parte perché, come ogni rivoluzione, ha cambiato nel profondo le regole del mercato e mietuto le sue vittime, con la scomparsa di aziende leader che non hanno saputo "vedere oltre" e l'affermarsi di nuove realtà che hanno invece saputo reinventarsi e adattarsi alla nuova tecnologia e alle esigenze di mercato.

Sempre in tema di fotografia e riprese video, troviamo un sensore CMOS dentro ogni videocamera di sorveglianza moderna, sia a livelli professionali che domestici, e ciò sempre grazie a Fossum e al gruppo di lavoro del JPL. Quando con lo smartphone ci colleghiamo tramite app al sistema di videosorveglianza domestico, l'immagine che si vede sullo schermo è catturata da un sensore CMOS; in ambito urbano, le videocamere di sorveglianza stradale installate su palazzi, pali, semafori e disseminate in ogni città utilizzano questa tecnologia. Dunque, la ricaduta tecnologica di quell'invenzione dei ragazzi del JPL ha migliorato anche la nostra sicurezza quotidiana.

Ancora, c'è un sensore CMOS dentro a ogni action-cam. Go-Pro ha lanciato la prima action-cam digitale nel 2006 grazie all'impego della tecnologia del JPL (ancora una volta, grazie...!) e oggi possiamo registrare indelebilmente i nostri ricordi di passeggiate, escursioni, arrampicate, sport acquatici e invernali, immersioni, lanci con paracadute, bungee-jumping e ogni altra situazione che vogliamo conservare sotto forma di clip video in HD/4K vissuta in prima persona.

Il CMOS è installato sui droni, sia ricreativi per il mercato consumer sia da ricognizione per il mercato professionale. Anche il mondo del cinema ne fa uso a tutti i livelli, dal professionale all'amatoriale. Nell'ambito industriale i droni sono impiegati per ispezioni visive a basso rischio in ambienti che richiedono particolare attenzione o che sono particolarmente impervi o inaccessibili. Pensiamo all'ispezione di tubazioni per combustibili e gas, alle giunzioni di cavi sui ponti, all'ispezione di tralicci e campate di linee elettriche; il drone, quando abbinato allo scanner LIDAR, è diventato un alleato formidabile anche per le ricerche archeologiche e di telerilevamento, consentendo di "scansionare" dall'alto vaste aree per avere una visione d'insieme e trovare prove più evidenti di particolari strutture sepolte sotto lo strato di terra che le ricopre. Ancora una volta, grazie NASA e JPL.

Anche l'astronomia professionale, amatoriale e l'esplorazione spaziale hanno beneficiato dei sensori CMOS: sonde planetarie e interplanetarie, satelliti per il monitoraggio ambientale e atmosferico terrestre, gli "occhi" dei rover che gironzolano su Marte, le camere per fotografia astronomica degli amatori... tutti utilizzano l'invenzione della NASA. Anche in tale caso, nelle sonde e nei satelliti, all'occorrenza il sensore CMOS è affiancato dallo scanner LIDAR per ottenere altimetrie e dati precisi della Terra o di altri pianeti e lune con una precisione mai vista. Da astrofilo quale sono mi sento davvero di dire: "Grazie Eric e al tuo team al JPL per aver realizzato tutto questo!".

Alcuni dei sistemi di assistenza alla guida (ADAS) installati nelle autovetture moderne sono basati sulla tecnologia CMOS, come il sistema di avviso del superamento di corsia, le camere frontali, le retrocamere di assistenza al parcheggio e le dash-cam. Inoltre, buona parte della sensoristica delle auto sperimentali a guida autonoma è basata sul sensore CMOS, per catturare immagini con rapidità e passarle all'elaboratore che può così identificare cartelli stradali, ostacoli, pedoni e controllare l'auto in tempo reale. E anche qui, come nel caso delle sonde spaziali, lo scanner LIDAR contribuisce al processo di navigazione autonoma, scansionando tridimensionalmente l'ambiente circostante. *Thanks Eric & C., thanks JPL.*

Anche l'ambito medico può ringraziare la squadra di Fossum alla NASA: i moderni endoscopi sono digitali e basati su sensori CMOS. Essi forniscono una visione chiara e ad alta definizione dell'interno del corpo umano, aiutando la diagnostica per immagini e consentendo una migliore visibilità ai medici durante gli interventi chirurgici con le tecniche di laparoscopia. Anche alcuni tipi di radiografie sono basate sul sensore CMOS, offrendo immagini con una risoluzione senza precedenti ed evidenti benefici nell'evidenziare anche i più piccoli dettagli.

Si continua con i visori di realtà virtuale/realtà aumentata, come per esempio il Meta Quest 3, che utilizzano sensori CMOS per catturare immagini e video dell'ambiente circostante, garantendo così un'immersività nella realtà virtuale mai sperimentata prima d'ora; anche il controller Kinect di Microsoft, commercializzato dal 2010 al 2017 per la console Xbox, usava sensori CMOS per consentire al giocatore di interagire con i videogiochi senza dover fisicamente impugnare un controller o un joystick. Quindi il JPL ha contribuito anche a migliorare la nostra esperienza di intrattenimento con i videogames. "Grazie, molte grazie ragazzi del JPL."

Chiudiamo la rassegna della ricaduta benefica e tecnologica che il brevetto del JPL ha avuto nel mondo con quello che forse è il simbolo principale della penetrazione del sensore CMOS nella nostra vita di tutti i giorni: la fotocamera dello smartphone.

Qui occorre soffermarsi un attimo in più perché c'è stato molto più di un impiego professionale della tecnologia nel migliorare qualcosa di esistente.

Si tratta, infatti, del classico caso in cui due prodotti diversi fra loro si sono incontrati e dalla loro unione è scaturito l'accessorio perfetto, il dispositivo dai mille usi e dalle mille e più opportunità (si veda l'immagine 5 della sezione fotografica).

Chiunque di noi oggi in tasca ha un potente computer che sta nel palmo di una mano e permette la connessione in tempo reale con tutto il mondo: videochiamate, clip video, fotografie sempre a disposizione, sempre accessibili.

Non c'è istante oggi in cui non siamo in grado di filmare o fotografare, non c'è momento, luogo, evento che oggi non sia facilmente registrabile e archiviabile per conservarlo nel futuro con dettagli, colori e definizioni senza precedenti. Tutto questo, unito all'interconnessione del web, ha permesso una profonda trasformazione sociale spalancando le porte a tutti i social network, alla possibilità di utilizzare le immagini e i video per condividere luoghi ed emozioni con il resto del mondo e di fare/inventare nuovi business con essi. La fusione del sensore CMOS e dello smartphone ha originato il fenomeno sociale globale dei selfie; agganciata alle maglie capillari della rete internet questa tecnologia ha cambiato per sempre le possibilità e le opportunità della generazione in corso e di quelle future in modi che ancora oggi non comprendiamo del tutto.

È la prima volta nella storia dell'uomo che avviene una rivoluzione di tale portata.

Non è scopo di questo intervento discutere se ciò sia un bene o un male ma se lo guardiamo dal mero punto di vista delle opportunità il CMOS è stato l'indiscusso protagonista della rivoluzione del nuovo millennio che ha toccato tutte le classi sociali e tutte le persone di ogni età in ogni angolo del pianeta.

Siamo giunti alla fine, ma siamo ancora nel bel mezzo della rivoluzione che affonda le proprie radici negli anni Settanta e che è iniziata per davvero negli anni Novanta, in mezzo a difficoltà, limiti tecnologici, pregiudizi e il costante impegno di persone che desiderano migliorare il mondo. David, nel nostro racconto di apertura, è una persona comune che svolge attività comuni: di certo molti di noi (se non quasi tutti) si saranno ritrovati o immedesimati in almeno uno (o più d'uno) dei gesti narrati nella sua giornata, e tutto questo gravita perlopiù attorno al sensore CMOS, che ha segnato un'era e aperto le porte a un profondo cambiamento.

Rileggete la narrazione d'apertura e fate caso a quanti dispositivi, che utilizziamo normalmente tutti i giorni, sono basati sulla tecnologia brevettata dalla NASA e al cambiamento che ciò ha portato.

E noi siamo ancora oggi dentro a quel cambiamento, che è ancora in atto e continuerà per molti anni a venire.

Ogni volta che scattiamo una foto o un selfie, registriamo/trasmettiamo una clip video o usiamo una qualsiasi delle tecnologie fin qui raccontate abbiamo fra le mani qualcosa che la NASA ha inventato e su cui l'ente governativo americano ha riversato competenza, tempo, denaro e persone.

Il risultato ottenuto ha avuto una potente ricaduta sul resto dell'umanità.

Una tecnologia raffinatissima e straordinaria, oggi pienamente matura e alla portata di tutti che deriva dall'investimento su una scommessa che, in quei lontani anni Novanta, nessuno avrebbe mai potuto immaginare a quali benefici e vantaggi pratici avrebbe portato nella vita quotidiana di ognuno di noi; e ciò è un indubbio risultato dell'investimento nella ricerca scientifica e della conseguente ricaduta tecnologica delle scoperte, perché ogni soldo speso ha portato, moltiplicandone in modo considerevole il valore, a benefici per tutta l'umanità.

Tantissimi sono i lati positivi che questa tecnologia ha consentito. Cerchiamo sempre di non giudicare soffermandoci soltanto sui lati negativi che, senza dubbio, ci sono e sono sempre più attuali; la privacy, le conseguenze dell'esposizione mediatica ai social soprattutto negli adolescenti ma anche negli adulti, la condivisione della nostra vita privata al mondo intero, le ricadute psicologiche di vivere una vita reale e una social (che molte volte non corrispondono), la facilità di rubare momenti e istanti a chiunque soltanto passando per la strada. Ma ricordiamoci, illustrissimi signori della corte, e qui concludo, la tecnologia non è mai cattiva, dipende sempre dal modo in cui la si utilizza e questo, che è l'aspetto più importante, rimane legato solo al nostro buonsenso.»

Dai mulini a vento all'elettricità wireless, passando per Giove

Ore 18

Così si concluse l'arringa dell'avvocato Bastoni, senza aggiungere altro. Nelle sue ultime parole aveva racchiuso l'intero concetto di onestà intellettuale, restituendo ai presenti un'immagine della scienza, e più nello specifico della ricerca spaziale, tanto trasparente che nessuno poté fare a meno di ammettere la verità: se ci sono delle ombre nella ricerca scientifica, per trovarle basta guardare alle proprie spalle e scoprire che altro non sono se non l'ombra di noi stessi.

Fu la volta dell'accusa, non potevano più sottrarsi, replicarono sollevando obiezioni, contestando parole e dati. La fatica strisciava lungo le loro gole gonfie e arrossate dallo sforzo. Era l'aspetto di chi lotta contro un nemico incautamente sottovalutato: il potere delle storie.

Erano le ore 18 quando l'avvocato D'Anna prese la parola, nessuno dei presenti poté mai dimenticarlo, perché nello stesso preciso momento il condizionatore, poc'anzi sistemato, tornò a emettere quello stesso incessante rumore di cui tutti si sarebbero ben volentieri dimenticati. La vite, ormai vecchia e arrugginita, riprese la sua spasmodica danza, ma stavolta fu fatale, non resse la presa e cadde al suolo portandosi dietro l'intera scocca frontale del climatizzatore, che concluse la propria esistenza schiantandosi al suolo in un fracasso generale e a pochi passi dalla schiena di uno dei giudici.

Nello spavento generale, e dopo essersi accertato che il giudice avesse tutte le parti del corpo ancora intatte e saldamente attaccate a esso, l'avvocato D'Anna fece un passo avanti, scrollò le spalle e disse: «Scusate! Scusate! Scusate! Colpa mia! È che mi piace cominciare con il botto!».

I colleghi si guardarono increduli, non poteva averlo detto davvero, ma l'avvocato Pasquale D'Anna era così, pragmatico e con zero peli sulla lingua. Un professionista di quelli che vanno dritti al punto senza girarci intorno, due cose non gli piacevano: le metafore o i sinonimi, che considerava «robaccia per chi ha paura di chiamare le cose con il loro nome!», e perdere. Per lui, essere secondo, significava essere il primo degli sconfitti. Insomma, un carattere difficile con cui avere a che fare, ma fondamentale se si voleva vincere un processo come questo.

«Signori della corte, onorevoli giurati e voi tutti» *cominciò subito* «siete stati testimoni di quanto è appena accaduto! Voi tutti avete assistito al fatto, inoppugnabile, che la tecnologia deve necessariamente evolversi, adattarsi alle esigenze non solo di noi esseri umani, ma del mondo stesso in cui essa viene sviluppata, nel pieno rispetto di questo angolo di universo che noi tutti chiamiamo casa. Il climatizzatore non si è sfasciato per colpa di una vite malmessa, no! Bensì, perché sottoposto a uno sforzo che andava ben oltre le sue capacità! Guardate fuori dalla finestra! Il caldo brucia oltre ogni naturale ragione e prima o poi finiremo per pagarne lo scotto. Eppure, una speranza di cambiare le cose c'è ed è racchiusa nell'aria che sposta le nuvole, nell'acqua che bagna la Terra e nel Sole che sorge e tramonta ogni giorno, sono le energie rinnovabili. Oggi voglio parlarvi di questa speranza e di come la ricerca spaziale stia contribuendo a darle forza migliorandola, trasformandola da timida speranza a possibile salvezza.»

Si sistemò la cravatta, guardò i colleghi, fece loro l'occhiolino e ricominciò.

«Signor presidente, lei di certo sa che le energie rinnovabili rappresentano il punto cruciale per le nuove sfide dell'umanità tra cui quelle ambientali, economiche e sociali, e senza alcun dubbio andranno a segnare anche il destino dell'uomo (d'altra parte l'energia per l'umanità è tutto). Ma perché usarle sempre di più? La risposta è molto semplice.

Grazie alle rinnovabili si riducono drasticamente le emissioni di gas serra.

Ciò risulta fondamentale per la "battaglia" contro il riscaldamento globale, andando a ridurre l'inquinamento atmosferico (ne beneficerà anche la salute pubblica). Altro aspetto da tenere in considerazione è quello della tutela della biodiversità grazie alla diminuzione dell'inquinamento dell'aria, dell'acqua e del sottosuolo. Le risorse come Sole e vento sono in pratica inesauribili e garantiscono una fonte di energia sostenibile e continua in particolare nel lungo termine. I dispositivi di conversione dell'energia possono essere installati anche in aree remote, portando così elettricità a popolazioni site in aree isolate e riducendo la povertà energetica.

Le energie rinnovabili garantiranno sempre di più la sostenibilità energetica per le generazioni presenti e, soprattutto, per quelle future. L'uso sempre maggiore di fonti rinnovabili porterà a un minor utilizzo dei combustibili fossili, creando anche indipendenza energetica, nonché alla creazione di tanti nuovi posti di lavoro (tutto sarebbe in linea con gli obiettivi di uno sviluppo sostenibile promosso dalle Nazioni Unite). Ma non solo: la continua ricerca e sviluppo di queste nuove energie rappresenta un'innovazione tecnologica importante, non solo grazie allo sviluppo di tecniche atte a migliorare proprio l'efficienza energetica, ma anche per come vengono gestite le risorse. Il giusto mix energetico, ottenuto attraverso lo sviluppo quasi contemporaneo di tutte le energie rinnovabili, sarebbe importantissimo. Il risultato nel medio e lungo periodo porterebbe al contrasto delle fluttuazioni dei prezzi, dovute in particolare alle fonti fossili (oltre che all'abbattimento degli stessi).

Lo sfruttamento del Sole, dell'acqua e delle altre fonti naturali ha origini antichissime, basti pensare che sia gli antichi greci che i romani consideravano la posizione del Sole durante l'anno quando costruivano le loro case. Ciò assicurava più calore durante l'inverno. Usavano anche ruote idrauliche per macinare il grano principalmente. I primi mulini a vento vennero costruiti dai persiani (nel VII secolo), con il fine di triturare il grano e pompare acqua.

Con il passare del tempo, l'uso dei mulini a vento e ad acqua si espanse sempre di più e raggiunse l'apice durante il Medioevo in tutta Europa, in particolar modo nei Paesi Bassi. Gli usi divennero molteplici: oltre che per la già citata e storica lavorazione del grano, vennero usati per drenare le acque, alimentare fucine, segherie e altre macchine.

Nel 1882 fu il turno della prima centrale idroelettrica commerciale al mondo. Si chiamava Vulcan Street Plant e aveva sede ad Appleton, Wisconsin, negli USA. L'effetto fotovoltaico, alla base della generazione di elettricità dei pannelli solari, ebbe il suo "inizio" nel 1839 grazie a Alexandre-Edmond Becquerel (Bell Laboratories sviluppò la prima cella solare al silicio nel 1954, segnando l'inizio dell'era moderna del fotovoltaico).

L'energia eolica ebbe un forte sviluppo tra gli anni Settanta e gli anni Ottanta, a seguito delle grandi crisi energetiche.

Uno dei Paesi che investì tantissimo in questa energia fu la Danimarca, diventando pionieristico nel campo dello sviluppo delle turbine eoliche. Per quanto concerne l'energia geotermica, l'Italia vanta un primato globale, con la prima centrale al mondo costruita a Larderello nel 1904.

Infine, l'uso delle biomasse per la produzione di energia, conosciuto fin dall'antichità, ha conosciuto il suo splendore di recente, proprio nel XX secolo, con nuove tecnologie atte a migliorare la conversione delle biomasse in energia.

Insomma, l'uso delle fonti rinnovabili sta vivendo un'importante fase di sviluppo (finalmente) grazie a politiche governative, progressi tecnologici e a una drastica riduzione dei costi. Gli esempi più eclatanti sono i pannelli solari e le turbine eoliche che hanno subito un'enorme espansione rendendo sia l'energia solare che quella eolica competitiva rispetto ai combustibili fossili. Paesi come la Cina, il Canada e il Brasile stanno puntando forte sull'idroelettrico, che è diventata la principale fonte di energia rinnovabile. Ogni nazione sta puntando su energie più disponibili nei propri territori.

Con il passare del tempo si sono sviluppate sempre più tecnologie volte a migliorare l'efficienza delle energie rinnovabili: basti pensare alle celle solari a perovskite, i pannelli solari bifacciali, le turbine eoliche *offshore*.

Andando a concentrare il focus sul fotovoltaico, in estrema sintesi, è una tecnologia che trasforma direttamente l'energia solare in energia elettrica, attraverso l'uso di celle fotovoltaiche. Sulla Terra è tra le rinnovabili più utilizzate soprattutto in quelle zone dove l'irradiazione solare è maggiore.

Tutto ruota intorno all'effetto fotovoltaico, scoperto da Becquerel come anticipato: le celle costruite con materiali semiconduttori (il silicio, per esempio) generano corrente elettrica quando esposte alla luce.

Ma allora come sono fatti i pannelli solari? Si compongono proprio di celle fotovoltaiche con una struttura modulare. Gli impianti possono essere suddivisi in vari tipi, tra cui quelli chiamati *stand-alone*, che non sono collegati alla rete elettrica, ma immagazzinano energia grazie a batterie, e quelli *grid-connected*, che, essendo collegati alla rete, immettono subito energia.

Ma come si fa a rendere questa energia disponibile alle reti commerciali e domestiche? Un componente chiarisce tutto: l'inverter, fondamentale per trasformare la corrente continua generata dai pannelli in corrente alternata.

Come ogni tipo di energia, ci sono vantaggi e svantaggi. Tra i primi: produzione di energia pulita, risparmio energetico nel lungo termine e in ultimo, non meno importante, i costi di manutenzione molto ridotti (parliamo di grossi interventi tra i venti e i trent'anni). L'unica nota dolente riguarda l'intermittenza di questa fonte, che può essere superata attraverso l'utilizzo di batterie.

Ma come ogni grande rivoluzione tecnologica, è bene riassumere le tappe fondamentali che hanno portato al fotovoltaico come lo conosciamo oggi.

1839: Alexandre-Edmond Becquerel, un fisico francese, scopre l'effetto fotovoltaico mentre sperimenta con una cella elettrolitica fatta di due elettrodi di platino in una soluzione acida. Becquerel osserva che la luce aumenta la produzione di corrente elettrica.

1873: Willoughby Smith scopre la fotoconduttività del selenio.

1876: William Grylls Adams e Richard Evans Day scoprono che il selenio produce elettricità quando esposto alla luce, confermando l'effetto fotovoltaico scoperto da Becquerel.

1883: Charles Fritts costruisce la prima cella solare funzionante utilizzando uno strato sottile di selenio rivestito di una sottile pellicola d'oro, per un'efficienza di conversione di circa l'1%.

1905: Albert Einstein pubblica un articolo che spiega l'effetto fotoelettrico, per cui riceve il Premio Nobel per la Fisica nel 1921. La spiegazione teorica di Einstein fornisce una base scientifica importante per il fotovoltaico.

1918: Jan Czochralski sviluppa un metodo per la crescita di cristalli singoli di silicio, una scoperta che diventerà cruciale per la produzione di celle solari in silicio.

1954: Bell Laboratories sviluppa la prima cella solare in silicio pratica, con un'efficienza di circa il 6%. Questa è considerata l'inizio dell'era moderna del fotovoltaico. La scoperta viene pubblicizzata e attira l'attenzione per il suo potenziale utilizzo in applicazioni spaziali.

1958: il satellite Vanguard 1 della NASA è il primo veicolo spaziale a utilizzare celle solari per alimentare i suoi sistemi. Tale successo apre la strada all'uso del fotovoltaico nei satelliti e in altre applicazioni spaziali.

1970-1980: la crisi energetica degli anni Settanta spinge la ricerca e lo sviluppo delle energie alternative. I governi e le aziende iniziano a investire di più nella ricerca fotovoltaica.

1982: viene costruito il primo impianto solare su scala commerciale in California. Durante gli anni Ottanta, l'industria fotovoltaica inizia a crescere rapidamente, con una riduzione dei costi e miglioramenti nell'efficienza delle celle solari.

1990-2000: il miglioramento delle tecnologie di produzione e la riduzione dei costi continuano, rendendo il fotovoltaico più accessibile. Vengono introdotte nuove tecnologie, come il film sottile e le celle solari multigiunzione.

2000-2010: l'installazione di impianti solari cresce in modo esponenziale, grazie anche agli incentivi governativi e alle politiche favorevoli in molti paesi. Si sviluppano mercati solari in Europa, Asia e America.

2010-oggi: il costo delle celle solari continua a diminuire, mentre l'efficienza e la durata aumentano. Ormai il fotovoltaico diventa una delle principali fonti di energia rinnovabile a livello globale. Si sviluppano nuove tecnologie, come le celle solari a perovskite e i pannelli solari bifacciali (si veda l'immagine 7 della sezione fotografica).

Ma, illustrissimi signori della corte, ricordiamoci che, se la ricerca spaziale non è importante solo per l'impatto che ha avuto sul fotovoltaico, è stata ed è cruciale per il suo sviluppo. Lo spazio è un banco di prova enorme per la ricerca e i pannelli solari non sono da meno. Questo perché si sviluppano e si testano tecnologie in condizioni estreme fatte di intense radiazioni, vuoto e temperature molto ma molto fredde. Tutto ciò ha portato a miglioramenti significativi nella durata, nell'efficienza e nella robustezza dei pannelli solari.

La chiave per la tecnologia è che, se funzionano in un ambiente ostile come lo spazio, i pannelli solari funzioneranno anche negli impianti fotovoltaici sulla Terra, con un ritorno maggiore, date le migliori condizioni.

Questo si è reso possibile grazie a un consistente sviluppo tecnologico, che ha portato alla nascita di componenti fotovoltaici sempre più efficienti e affidabili.

Due aspetti sono fondamentali nello spazio: massimizzare l'efficienza e minimizzare il peso. Entrambi si sono sviluppati nel corso dei decenni, proprio grazie alla ricerca spaziale, in quanto il primo problema che l'uomo ha nel lancio di una sonda è proprio quello di "vincere" la gravità terrestre. Ergo meno peso, più probabilità che il lancio abbia successo, anche nell'ottica di minimizzare i costi. I pannelli solari sono diventati sempre più compatti e leggeri e hanno trovato maggiori applicazioni anche sulla Terra (basti pensare ai dispositivi tascabili come le calcolatrici).

La ricerca spaziale è stata ed è fondamentale per il progresso di tutto il settore fotovoltaico, con effetti visibili nella vita di tutti i giorni; e siamo stati in grado di sviluppare pannelli solari più efficienti, durevoli e versatili, contribuendo così a una maggiore adozione delle energie rinnovabili e alla lotta contro il cambiamento climatico in linea con quello che viene fatto grazie alle altre energie verdi.

È doveroso a questo punto citare missioni spaziali presenti e future, che devono renderci orgogliosi come cittadini italiani ed europei.

La sonda JUICE, acronimo di Jupiter Icy Moons Explorer, dell'ESA (l'Agenzia Spaziale Europea) è stata lanciata il 14 aprile 2023 tramite il lanciatore Ariane 5 da Kourou, nel centro spaziale della Guyana francese. Lo scopo della missione è l'esplorazione del sistema gioviano, con particolare attenzione alle lune ghiacciate di Giove: Ganimede, Callisto ed Europa; JUICE giungerà a destinazione nel luglio del 2031. Il re dei pianeti con la sua corte di lune si trova a una distanza media dalla Terra di circa 770 milioni di chilometri. Si trova in una zona "border line" per l'uso dell'energia solare per il mantenimento e il funzionamento di una sonda in quanto la distanza dal Sole inizia a essere decisamente importante.

Proprio per questa ragione la sonda JUICE monta pannelli solari dotati di celle fatte in arseniuro di gallio molto più efficienti di quelle in silicio che sono tra i più grandi mai costruiti nell'ambito delle missioni spaziali: raggiungono gli 85 metri quadrati e, per il discorso fatto prima, devono massimizzare l'efficienza di produzione da luce solare nel sistema di Giove, che risulta ben venticinque volte inferiore rispetto a quella sulla Terra, al fine di garantire l'operatività della missione (parliamo di una potenza di 725 W). Inoltre, sono progettati per resistere alle condizioni estreme dell'ambiente gioviano.

Il risultato della missione sarà importantissimo per un ulteriore passo in avanti nell'ambito del fotovoltaico. Se tutto andrà per il meglio, la nuova tecnologia applicata alla Terra massimizzerà la produzione di energia elettrica anche in quelle aree terrestri dove la radiazione solare è abbastanza bassa portando enormi benefici.

Questo è quello che riguarda il presente, ma l'ESA è proiettata anche al futuro con il progetto SOLARIS (fig. 4).

Lo scopo è quello di sviluppare una tecnologia che consenta la produzione di energia solare direttamente nello spazio, per poi trasmetterla sulla Terra.

Nello spazio di certo non ci sono problemi di nuvole e maltempo, come anche del ciclo giorno-notte, e in pratica il

Sole sarebbe sempre a disposizione; un po' come accade con i telescopi spaziali posizionati in orbita, o nei punti lagrangiani per superare l'ostacolo dell'atmosfera terrestre.

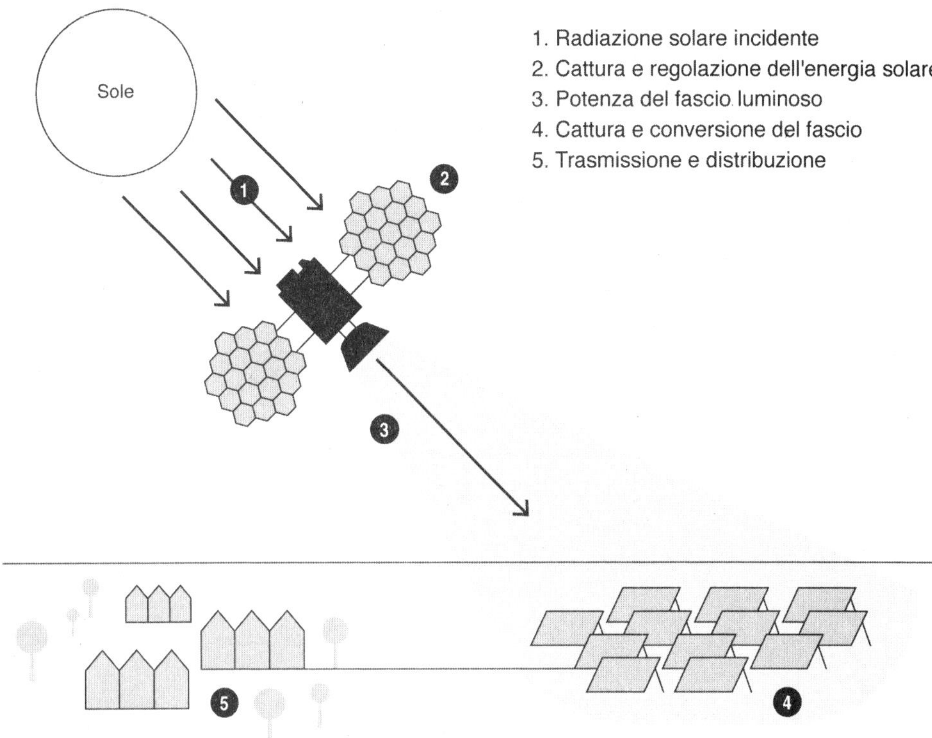

Figura 4. Rappresentazione del funzionamento del progetto SOLARIS dell'ESA.

L'idea alla base di SOLARIS è quella di costruire una costellazione di satelliti posizionati in orbita geostazionaria, dotati di grandi pannelli solari. Il processo è lo stesso che avviene sulla Terra, cioè catturare la luce solare, convertirla in energia elettrica e in una fase successiva trasmetterla in modalità wireless sulla superficie terrestre (catturata da stazioni di ricezione) sotto forma di laser o microonde. Il vantaggio è evidentemente enorme (sarebbe un'energia pulita stabile e affidabile) e, con il continuo sviluppo della leggerezza dei materiali unito alle nuove tecnologie, porterebbe a risultati grandiosi in termini di riduzione di gas serra, ergo diminuzione del riscaldamento globale.

Ma come tutte le idee rivoluzionarie, SOLARIS dovrà affrontare numerose sfide. L'utilizzo di satelliti enormi richiede uno sforzo tecnologico dell'assemblaggio in orbita (nonché all'utilizzo di materiali assai leggeri, ma allo stesso tempo resistenti e duraturi). Le trasmissioni di energia a Terra devono avere perdite minime e non devono costituire un pericolo per l'ambiente e per la salute umana. Proprio per tale ragione, l'ESA collabora con importanti partner internazionali, enti di ricerca e industrie tecnologiche, per affrontare queste sfide e sviluppare le soluzioni necessarie; ora si parla della fine del 2025 come data ultima per l'inizio dello sviluppo del progetto. SOLARIS deve essere visto come un progetto che porterà una rivoluzione tecnologica anche in altri settori, un nuovo punto di arrivo, o di partenza, per l'intera umanità, una vera e propria metafora dell'importanza e dello sviluppo delle fonti rinnovabili grazie agli investimenti sulla ricerca spaziale.»

Quando ebbe terminato, l'avvocato D'Anna, nel tornare al proprio posto, passò vicino al banco dell'accusa e, senza farsi notare, diede un bigliettino all'avvoltoio e con il dito fece cenno di leggerlo dopo. Nessuno seppe mai né quando l'avesse scritto né cosa vi fosse scritto in quel pezzetto di carta stropicciato, almeno fino a quando dopo la morte dell'avvoltoio la sua se-

gretaria non ritrovò il foglietto tra i fascicoli dell'avvocato. Quando lo vide si chiese perché il suo datore di lavoro lo avesse conservato così a lungo, era rimasto lì stipato come una reliquia, o forse come un monito? Non seppe rispondere. Morsa dalla curiosità lo aprì e lesse ad alta voce: «Caro avvoltoio, mi sa che oggi torni a casa a pancia vuota».

Alla segretaria scappò una risata, che dovette subito soffocare per non farsi sentire dal resto dei presenti intenti a catalogare i documenti del defunto avvocato.

La risposta dell'accusa all'arringa di D'Anna fu breve. Avevano esaurito gli argomenti, o si riservavano il meglio per il finale?

Calcoli stellari per un futuro migliore: la soluzione HPC

Ore 19

L'orologio al polso dell'avvocato Battino segnava le ore 19 in punto quando fu invitato dal giudice a prendere parola. Umberto Battino, 38 anni, era da sempre stato quello che si potrebbe definire un moderno Odisseo; in perenne viaggio a inseguire un orizzonte che pareva si spostasse ogni volta più in là solo per il gusto di fargli un dispetto. Quell'orizzonte era la conoscenza e Umberto aveva iniziato a rincorrerlo, per la prima volta, da bambino quando, in un pomeriggio d'estate sulle rive della costa sarda, chiese a suo padre dove finissero le onde.

Da quel giorno non aveva più smesso, incantato da quel bizzarro orizzonte, che lo chiamava a sé come le sirene con Odisseo. Allora cominciò a nutrirsi con pagine e pagine di libri, ma non era mai sazio, anzi dopo il pasto aveva più fame di prima e così, al ritorno da scuola, cercava ristoro nei documentari, dove, tra scenari di mondi ormai estinti e abissi di stelle nascenti, una vertigine di finitezza lo prendeva alla nuca, mandandolo in estasi. Questa passione per il sapere era stata anche il motivo della sua scelta universitaria, qualcuno potrebbe chiedersi, infatti, perché mai non decise di diventare uno scienziato. Ebbene, in verità, per tutto il periodo delle superiori Umberto era sicuro di voler diventare un astrofisico, per riuscire nella grande impresa di determinare l'origine cosmica di ognuno degli elementi chimici, già si vedeva di fronte a un'enorme lavagna piena zeppa di calcoli e formule matematiche, tutto pensoso e sporco di gesso, nel tentativo di risolvere l'annoso mistero dell'universo.

Poi, un giorno, durante un progetto nella biblioteca scolastica, si imbatté in un libro che raccontava l'intero iter processuale che Galilei dovette affrontare e da cui la scienza uscì sconfitta. Iniziò a leggere e a ogni pagina che girava il senso di nausea verso una tale ingiustizia cresceva, ancora e ancora.

Quando ebbe finito di leggerlo, in un impeto di rabbia scagliò il libro verso la parete della sua cameretta. «Non è giusto» si disse e, in quell'istante, lo scienziato lasciò il posto all'avvocato e capì che l'unico modo per perseguire il bene della conoscenza era difendere la sua ancestrale progenitrice: la verità. Così si iscrisse a Giurisprudenza, conseguì la laurea, poi il dottorato a Basilea, iniziò a esercitare, un po' ovunque, Svizzera, Scozia, Inghilterra, sempre e solo per difendere uomini di scienza, poi la grande occasione, quella che avrebbe riscritto le pagine del libro letto tanti anni addietro. Non poteva mancare e non mancò, ben vestito, puntuale e pronto a battersi fino all'ultimo. Come gli altri prima di lui si alzò in piedi.

«Signore e signori della giuria, è innanzitutto un onore per me essere qui oggi. Non sono solo un difensore della scienza, ma ho anche una fiducia incrollabile nel potere della curiosità umana e nel potenziale illimitato della nostra ricerca collettiva della conoscenza.

C'era una volta un bambino, con gli occhi spalancati dalla meraviglia, che guardava le stelle e si chiedeva: "Cosa c'è là fuori?". Quel bambino ero io, e con ogni probabilità questa è stata anche la stessa, semplice e profonda domanda che ha spinto l'umanità a esplorare, innovare e oltrepassare i confini del nostro pianeta. E in questa esplorazione, in particolare attraverso l'astrofisica, non abbiamo solo cercato risposte sul cosmo, ma abbiamo anche rivoluzionato il nostro mondo qui sulla Terra.

Ora, sento gli scettici in fondo borbottare: "Certo, guardare le stelle è divertente, ma a livello pratico... cosa mi rientra?". Ah, miei cari scettici, è mia intenzione dimostrarvi come la nostra società abbia concretamente tratto beneficio dall'astrofisica. Mi concentrerò inoltre su un caso particolare, ovvero sul suo contributo monumentale allo sviluppo dei supercomputer e delle strutture High Performance Computing (HPC) e, di conseguenza, a tutte le sue applicazioni.

Torniamo dunque indietro nel tempo, quando i computer occupavano un'intera stanza e avevano meno potenza di elaborazione, a esser molto generosi, di uno smartphone medio odierno. All'epoca, gli scienziati si trovavano ad affrontare calcoli complessi con questi mezzi al fine di svelare i misteri dell'universo. Quando parliamo dell'astrofisica, parliamo di un campo con problemi così vasti e intricati da spingere sempre più in là i confini e le capacità della tecnologia. Il calcolo digitale ha avuto un impatto enorme sulla ricerca astronomica e astrofisica. Ciò risulta evidente in molteplici modi: i moderni codici numerici vengono oggi utilizzati per simulare e comprendere la formazione di strutture nell'universo, l'esplosione di stelle massicce, l'evoluzione del nostro Sistema Solare nel corso di miliardi di anni, il tutto attraverso esperimenti numerici estremamente sofisticati. Queste simulazioni richiedono l'elaborazione di immagini astronomiche le cui dimensioni ora superano il gigabyte in dati utilizzabili dalla comunità astronomica. I più grandi codici possono avere oltre un milione di righe e funzionare su supercomputer con centinaia di migliaia di cores, generando dataset che occupano diversi terabyte di memoria. Ora, perché ciò è importante? Perché le sfide presentate dalla ricerca astrofisica necessitano di avanzamenti nella potenza di calcolo e negli algoritmi. Questa necessità ha guidato incredibili innovazioni nell'ambito HPC.

Pensate all'astrofisica come all'allenatore di fitness esigente che spinge i limiti di ciò che i computer possono ottenere e, così facendo, li aiuta a evolversi in strumenti più potenti e versatili.

Prendiamo, per esempio, i contributi monumentali di agenzie come la NASA, il CERN e la National Science Foundation. Esse hanno investito nell'HPC, mettendo a disposizione della comunità astrofisica supercomputer con anche un exaflop di potenza di calcolo sostenuta. Dette strutture consentono calcoli teorici all'avanguardia e analisi che spingono la frontiera dell'astrofisica sempre più in là, ma il loro impatto va ben oltre. Fermiamoci un momento e apprezziamo la portata di questi risultati. Un exaflop equivale a un quintilione di calcoli al secondo. Ciò non è solo impressionante, è qualcosa che di sicuro genera trasformazioni radicali sia in ambito tecnologico che nella nostra conoscenza della natura. Questi supercomputer, progettati per gestire le esigenze colossali delle simulazioni astrofisiche, aprono anche la strada a progressi in vari campi dai quali la società trae una moltitudine di benefici diretti. Consideriamo lo sviluppo e l'utilizzo di sistemi di calcolo parallelo. Tali sistemi, inizialmente guidati dalle esigenze di grandi simulazioni numeriche per l'avanzamento della ricerca scientifica, come per esempio le simulazioni della complessa struttura interna delle stelle, hanno trovato applicazioni in aree disparate, portando alla scoperta di nuovi farmaci, al miglioramento nell'analisi dei big data e persino al riconoscimento di immagini attraverso il deep learning. La tecnologia sviluppata per simulare l'immensità dello spazio ora ci aiuta ad affrontare grandi sfide qui sulla Terra. Qualcuno potrebbe sostenere che detti progressi tecnologici sarebbero comunque avvenuti, ma non sottovalutiamo il ruolo catalizzatore dell'astrofisica. La richiesta degli astrofisici di supercomputer sempre più potenti ha spinto avanti i progressi nell'architettura dei computer stessi e nelle tecnologie informatiche. Prendiamo il Cray-1, un calcolatore pionieristico che ha inaugurato l'era delle macchine vettoriali. In seguito, l'ascesa dei microprocessori tra la fine degli anni Ottanta e Novanta portò a un ulteriore innovazione dirompente, spalancando le porte al calcolo parallelo. Queste innovazioni non furono casuali, furono bensì guidate dalla curiosità insaziabile e dalle esigenze della ricerca scientifica e, in particolare, astrofisica.

Di recente, e come già menzionato, abbiamo anche assistito al completamento del primo sistema exascale, Frontier (installato presso l'Oak Ridge Leadership Computing Facility negli USA) capace di eseguire oltre un miliardo di miliardi di calcoli al secondo. Le sfide nello sviluppare questi sistemi, come il consumo energetico e la programmabilità, hanno richiesto un'innovazione significativa, da cui la società trae e continuerà a trarre inevitabilmente beneficio. La necessità di affrontare le grandi sfide odierne, come l'energia da fusione nucleare, la protezione ambientale, il design dei materiali, le risposte alle grandi domande sul nostro universo e il cambiamento climatico globale, richiede il supporto di un'enorme potenza di calcolo. L'astrofisica e la modellazione del clima terrestre, per esempio, condividono esigenze computazionali comuni (si veda l'immagine 8 della sezione fotografica).

A tale proposito… consideriamo un edificio anonimo del Goddard Space Flight Center della NASA, dove migliaia di computer ronzano in un coro assordante di elaborazione dati. Queste macchine formano collettivamente il supercomputer Discover della NASA, e hanno l'obiettivo di calcolare modelli climatici molto accurati per prevedere il futuro clima terrestre. È infatti solo grazie a questi dispositivi se oggi siamo in grado di modellare e prevedere i cambiamenti climatici, e quindi di sviluppare strategie per mitigare l'impatto del riscaldamento globale e proteggere il nostro pianeta per le future generazioni. Ma non solo! Stanno anche studiando qualcosa di molto più lontano, ovvero se uno delle migliaia dei pianeti extrasolari scoperti negli ultimi due decenni possa supportare la vita. E per farlo servono complesse simulazioni numeriche che ricostruiscono la possibile atmosfera di questi pianeti, usando come guida i più recenti dati spettroscopici dai quali oggi possiamo ricavare preziosissime informazioni riguardo la loro composizione. Calcola, insomma, modelli climatici alieni! Questo crossover di competenze computazionali tra scienza del clima e astrofisica esemplifica in modo meraviglioso i benefici interdisciplinari degli avanzamenti indotti dalla ricerca astrofisica (si veda l'immagine 9 della sezione fotografica).

Signore e signori della giuria, ho così mostrato come il progresso dell'astrofisica non solo spinge l'avanzamento della conoscenza in altre branche scientifiche, ma spinge in modo formidabile anche il progresso tecnologico, che non si ferma alla costruzione di supercomputer sempre più potenti, ma crea veri e propri percorsi innovativi di applicazione pratica. Parliamo di FORTH, un linguaggio di programmazione creato originariamente per l'uso del telescopio Kitt Peak da 36 piedi. Questo linguaggio ha poi formato la base dei servizi della Forth Inc., un'azienda molto redditizia nell'ambito dell'assistenza e sviluppo software di varia natura. Oggi, FORTH è utilizzato da FedEx in tutto il mondo per i suoi servizi di tracciamento. Quello che in origine fu pensato come uno strumento al servizio degli astronomi, ora garantisce che i vostri pacchi arrivino in tempo. Allo stesso modo, il linguaggio di programmazione astronomico Interactive Data Language (IDL) è utilizzato da General Motors per analizzare i dati degli incidenti automobilistici, e il software Image Reduction and Analysis Facility (IRAF), scritto presso il National Optical Astronomy Observatory, è utilizzato da AT&T per analizzare i sistemi informatici e la grafica della fisica dello stato solido. Lo scambio continuo di tecnologia e conoscenze tra astronomia e industria illustra un punto fondamentale: presto o tardi, l'investimento nell'astrofisica ripaga sempre. I progressi fatti nella ricerca per comprendere l'universo ricadono anche in altri settori, guidando la crescita economica e il beneficio sociale con ritorni che non solo ripagano, ma superano anche ampiamente l'investimento iniziale. Potrei continuare quasi all'infinito nell'elencare i benefici sociali diretti dell'HPC, ma mi limiterò in questa sede a citarne due tra i più importanti. Il primo riguarda il ruolo cruciale dei supercomputer nella ricerca di nuovi farmaci.

Essi aiutano infatti ad accelerarne il processo di scoperta grazie alla capacità di simulare numericamente le complesse interazioni molecolari.

Ciò porta a un drammatico taglio dei tempi necessari per giungere a nuove scoperte nel trattamento delle malattie. Il secondo rientra invece nel campo dei big data.

L'HPC consente l'elaborazione e l'analisi di enormi quantità di informazioni, rivelando modelli e intuizioni che altrimenti rimarrebbero nascoste.

Questo è molto rilevante per una varietà enorme di campi. Uno di essi è la genomica, dove gli sforzi titanici per il sequenziamento del DNA richiedono potenze di calcolo sempre maggiori, col fine di favorire una medicina sempre più personalizzata e trattamenti mirati.

Qualcuno potrebbe ancora chiedersi: "Ma non è tutto molto indiretto? E i benefici tangibili e quotidiani?". Immagino che costui abbia adesso in tasca... non saprei, fatemi indovinare... forse uno smartphone? Bene, sappiate che esso è l'esempio per eccellenza del miracolo di miniaturizzazione di tecnologia HPC. Proprio così, parliamo del risultato della discendenza diretta dai progressi computazionali che una volta alimentavano i supercomputer di dimensioni di una stanza. L'efficienza e la capacità dei processori moderni devono molto alla spinta incessante per computer migliori e più veloci guidata dalla ricerca scientifica, tra cui l'astrofisica. Inoltre, lo sviluppo dell'elaborazione parallela e degli algoritmi sofisticati ha permesso a tecnologie come l'intelligenza artificiale e il machine learning di prosperare. Queste tecnologie sono ora ubiquitarie, alimentano tutto, dagli assistenti vocali come Siri e Alexa agli algoritmi di raccomandazione su Spotify e Netflix. Spero quindi che chiunque etichetti tutto ciò come "inutile" abbia quantomeno la coerenza di fare a meno del rilassarsi, comodamente davanti al proprio portatile o smartphone, con musica e serie televisive a volontà.

Non dimentichiamo poi un impatto ancora più ampio sulla società. Lo stupore e la meraviglia ispirati dalle scoperte astrofisiche accendono una passione per la scienza e la tecnologia nelle giovani menti. Ciò porta a una forza lavoro qualificata che guida l'innovazione in vari campi. Investendo nell'astrofisica, investiamo anche nei futuri scienziati, ingegneri e innovatori che affronteranno le sfide di domani. Man mano che ci avviciniamo a comprendere l'universo, ci avviciniamo anche a comprendere il nostro posto al suo interno. Le domande filosofiche ed esistenziali che l'astrofisica affronta risuonano profondamente nello spirito umano. Ci ricordano della nostra ricerca condivisa di conoscenza e della nostra interconnessione con il cosmo. In tal senso, l'astrofisica arricchisce la nostra cultura e amplia i nostri orizzonti, favorendo un senso di unità e scopo.»

Fece una pausa, aveva notato che uno degli avversari stava annotando qualcosa sul proprio taccuino, capì che si trattava di parole contrapposte del tipo cambiamento climatico/emissioni supercomputer o anche ricerca astrofisica/ futuro inesistente, il perché lo stesse facendo era chiaro, ma l'avvocato Battino giocò d'anticipo e riprese.

«A questo punto qualcuno dei colleghi dell'accusa potrebbe obiettare, asserendo che il mio sia il parlare di un ipocrita, come posso parlare di sostenibilità, di riscaldamento globale e al contempo elogiare i supercomputer, il cui funzionamento richiede enormi quantità di energia? Permettetemi di chiarire un punto fondamentale: non è solo possibile, ma l'utilizzo della tecnologia avanzata in modo responsabile sotto l'aspetto ecologico è qualcosa di effettivamente già in atto. Permettetemi di presentarvi un esempio brillante che sfata il mito dell'incompatibilità tra supercalcolo e sostenibilità ambientale: LUMI (Large Unified Modern Infrastructure). Stiamo parlando del supercomputer più potente in Europa, localizzato nel CSC data center a Kajaani, in Finlandia. Un calcolatore da 2048 nodi, ognuno equipaggiato con 128 CPUs, più altri 2978 nodi da 4 GPUs l'uno. Il tutto a una fantasmagorica potenza di calcolo di 375 petaflop, l'equivalente delle prestazioni combinate di 1,5 milioni di computer portatili di ultima generazione, che se messi uno sopra l'altro formerebbero una torre alta 23 chilometri (quasi tre volte il monte Everest!). Ma ciò che a mio avviso lo rende davvero eccezionale è il suo impegno verso la sostenibilità: LUMI opera infatti utilizzando il 100% di energia idroelettrica. Ciò significa che l'energia che alimenta questo potente sistema proviene da fonti rinnovabili, riducendo drasticamente la sua impronta di carbonio. Ma non è tutto. LUMI utilizza anche un sistema di raffreddamento ad acqua che consente di riciclare il calore generato dal suo funzionamento per riscaldare la cittadina di Kajaani, sostituendo così il calore prodotto da combustibili fossili. In tal modo, il fabbisogno di riscaldamento di Kajaani può essere coperto fino al 20%, limitando l'impronta di carbonio annuale di circa 13.500 tonnellate di CO2 equivalente, una quantità pari alla CO2 prodotta da quattromila automobili.

Tutto ciò esemplifica a meraviglia come la tecnologia avanzata possa in effetti non solo essere in armonia, ma anche contribuire in modo attivo a un futuro più verde, sostenibile e segnato dalla collaborazione tra le nazioni.

LUMI è infatti il risultato di uno sforzo congiunto tra il Joint Undertaking EuroHPC dell'Unione Europea, il Fondo Europeo di Sviluppo Regionale e dal Consiglio Regionale di Kainuu (Finlandia) e il consorzio LUMI, di cui fanno parte Finlandia, Belgio, Repubblica Ceca, Danimarca, Estonia, Islanda, Norvegia, Polonia, Svezia e Svizzera, con un investimento totale di circa duecento milioni di euro. Questo dimostra un impegno collettivo verso l'innovazione sostenibile, riconoscendo l'importanza di investire in tecnologie che non solo fanno avanzare la scienza, ma che sono anche rispettose dell'ambiente. E non è tutto: la costruzione del data center di LUMI ha inoltre creato una moltitudine di posti di lavoro nella regione di Kajaani, contribuendo in modo importante allo sviluppo economico locale. Inoltre, grazie a LUMI è possibile condurre ricerche all'avanguardia in vari campi, inclusi la scienza dei materiali, la ricerca sulla fusione nucleare, la ricerca farmaceutica, la ricerca astrofisica e la ricerca climatica. Ciò significa che il supercomputer non solo opera in modo sostenibile, ma supporta anche studi che possono portare a soluzioni per i problemi ambientali e sanitari più urgenti del nostro tempo. LUMI è insomma un esempio perfetto di come possiamo alimentare la tecnologia avanzata in modo ecologico. L'energia idroelettrica è una delle fonti di energia rinnovabile più pulite e la sua applicazione in un contesto di supercalcolo dimostra che possiamo soddisfare le nostre esigenze tecnologiche senza compromettere l'ambiente. Questo modello potrebbe essere replicato in altre regioni del mondo, contribuendo a ridurre le emissioni globali di carbonio. Inoltre, il modo in cui il calore di scarto viene riutilizzato non solo riduce la domanda di energia per il riscaldamento, ma utilizza in modo efficace un sottoprodotto inevitabile dell'operazione del data center. Tale tipo di innovazione è proprio ciò di cui abbiamo bisogno per creare un futuro sostenibile. Immaginate se ogni data center nel mondo potesse adottare una pratica simile: l'impatto positivo sull'ambiente sarebbe enorme. E non dimentichiamoci un aspetto centrale:

LUMI non è solo un'impresa tecnologica, ma un catalizzatore per il progresso sociale, economico e scientifico.

Infatti, LUMI, con la sua enorme potenza di calcolo, sta aiutando, e continuerà a farlo, il compimento di una grande varietà di progetti scientifici, dall'astrofisica alla fisica atomica, dall'infinitamente grande all'infinitamente piccolo. Proprio adesso, mentre stiamo discutendo, i processori di LUMI stanno lavorando senza sosta per rispondere a domande cruciali per la nostra comprensione del cosmo e dell'origine della vita, come "Perché la maggioranza delle stelle nell'universo ha una massa piccola, paragonabile al nostro Sole?", oppure "Sotto quali circostanze si è formato il nostro Sistema Solare? Di che tipo erano le ultime stelle ad aver arricchito la nube da cui poi nacque il Sole di preziosissimi elementi e isotopi per la formazione di pianeti favorevoli alla vita?". Tutte domande che richiedono un'enorme versatilità di calcolo, in grado di simulare la struttura delle singole stelle e, allo stesso tempo, di porzioni consistenti della nostra amata Via Lattea, la nostra galassia. Capacità che in pochissimi casi possono essere soddisfatte contemporaneamente, e LUMI è uno di questi.

Negli ultimi due decenni, la ricerca astrofisica è progredita in modo notevole soprattutto grazie all'avanzamento delle simulazioni numeriche, a loro volta usate per risolvere e vincere molte delle sfide più urgenti per l'umanità intera. Si genera così un circolo virtuoso fondamentale e di valore assoluto! È dunque possibile coniugare l'avanzamento tecnologico con un impegno ecologico.

Non dobbiamo scegliere tra progresso scientifico e sostenibilità ambientale. Possiamo avere entrambi.

LUMI è la prova concreta di tale possibilità. Lungi dall'essere un ostacolo nella lotta contro il cambiamento climatico, LUMI e supercomputer simili sono strumenti potenti che possono aiutare a trovare soluzioni ai problemi globali più urgenti. Investire nella ricerca scientifica a tutto tondo e nella tecnologia avanzata non è un lusso, ma una necessità per un futuro sostenibile. E dobbiamo continuare a sostenere questi sforzi, sapendo che stanno contribuendo a creare un mondo migliore, più verde e più equo per tutti noi. Ne è un esempio la Destination Earth, un'iniziativa lanciata dall'Unione Europea nel 2022 per costruire una replica digitale del sistema terrestre entro il 2030. In particolare, uno dei primi progetti di Destination Earth sarà quello di produrre simulazioni numeriche del clima con una risoluzione spaziale senza precedenti. Il fine è quello di quantificare gli impatti del cambiamento climatico e valutare diverse strategie di adattamento a livello locale e regionale su più decenni. Più in particolare, il programma Destination Earth sarà implementato in diverse fasi. Nella prima fase, verranno sviluppati due modelli numerici di gemelli digitali: il Gemello per gli Adattamenti al Clima (Climate Change Adaptation Digital Twin) e il Gemello per i Fenomeni Meteorologici Estremi (Weather-Induced Extremes Digital Twin). L'obiettivo del secondo è quello di supportare la risposta in tempo quasi reale agli eventi estremi di tipo meteorologico, idrologico e di qualità dell'aria, su una scala temporale di pochi giorni. Ciò sarà fondamentale per sostenere le azioni di risposta alle sfide ambientali poste da eventi estremi e improvvisi. Invece, il primo si propone di sostenere gli sforzi di definizione e pianificazione delle attività legate all'adattamento ai cambiamenti climatici su scale temporali di più decadi. Ciò sarà fondamentale per sostenere l'elaborazione delle politiche per le società carbon-free del futuro. E attenzione... Il team di lavoro del Gemello per gli Adattamenti al Clima è composto da tredici organizzazioni europee con profonda esperienza nella modellazione climatica e nel campo dell'HPC. Tra queste abbiamo il Centro di Supercalcolo di Barcellona (BSC), l'Istituto Max Planck per la Meteorologia, l'Università di Helsinki, l'Istituto Alfred Wegener, il Centro Helmholtz per la Ricerca Polare e Marina, il Centro Helmholtz per la Ricerca Ambientale, il Consiglio Nazionale delle Ricerche, l'Istituto di Scienze dell'Atmosfera e del Clima, il Politecnico di Torino, l'Istituto Meteorologico Finlandese, il Servizio Meteorologico Nazionale della Germania, l'Université Catholique de Louvain, il Centro di Calcolo Climatico Tedesco, HPE Hewlett Packard Enterprise e CSC- IT Center for Science. A quest'ultimo istituto di ricerca spetterà il coordinamento generale del lavoro. E pensate, il CSC- IT Center for Science è proprio l'istituto che ospita il supercomputer LUMI che vi ho presentato poc'anzi e proprio lui, con la sua potenza di calcolo senza eguali in Europa, sarà cruciale per il successo del progetto!

Grazie a LUMI sarà infatti possibile lavorare a un livello di risoluzione senza precedenti, fino a poter analizzare variazioni nelle proprietà climatiche su distanze dell'ordine di qualche chilometro, migliorando quindi di tanto la fedeltà delle informazioni climatiche e la loro rilevanza per gli utenti. Ma cosa significa tutto questo in termini pratici? Significa che possiamo finalmente avere una comprensione molto più precisa di come il cambiamento climatico stia influenzando specifiche regioni e settori, che non sono colpite tutte allo stesso modo. Le decisioni basate su dati climatici ad alta risoluzione possono essere molto più efficaci di quelle basate su modelli generici e meno precisi.

Permettetemi di presentarvi alcuni casi specifici che dimostrano come i modelli climatici calcolati su LUMI stiano già fornendo informazioni pratiche e di supporto decisionale per affrontare il cambiamento climatico. Molti ecosistemi terrestri, dai tropici all'Artico, sono disturbati dagli incendi boschivi che influenzano negativamente la vita umana e la natura. Le condizioni meteorologiche favorevoli agli incendi sono diventate più diffuse, durature e intense in alcune regioni e si prevede che aumenteranno con livelli di riscaldamento globale più elevati. Ebbene, uno dei prodotti di Destination Earth sarà proprio lo sviluppo di tre applicazioni per gli incendi boschivi che funzioneranno basandosi sui dati del Gemello per gli Adattamenti al Clima e fornendo preziosi dati predittivi relativi anche a regioni specifiche di particolare rilevanza. Consideriamo ora il sesto Rapporto di Valutazione dell'IPCC (Gruppo Intergovernativo sul Cambiamento Climatico) ha sottolineato i disastri legati alla scarsità d'acqua e il loro impatto su vari settori e regioni. Grazie a Destination Earth, verranno fornite stime degli impatti climatici sui processi idrologici critici, sia a livello globale che locale, nelle condizioni passate, presenti e future. L'obiettivo è anche valutare la durata, la frequenza, l'intensità, la gravità, il picco e l'estensione geografica delle future siccità per controllarne gli impatti e sviluppare sforzi di mitigazione. E che dire degli eventi estremi di cui facciamo esperienza sempre più di frequente? Negli ultimi anni, gli sforzi di mitigazione per gli eventi di pioggia estrema sono stati cruciali; identificare le caratteristiche e le tendenze di questi eventi gioca un ruolo significativo nel formulare una strategia di adattamento ben adeguata. Grazie a Destination Earth potremo avere statistiche più accurate sugli eventi di pioggia estremi e un catalogo di eventi per identificare cambiamenti e tendenze future. La mitigazione del cambiamento climatico richiede inoltre investimenti considerevoli nella produzione di energia a impronta di carbonio nulla. Una valida opzione è rappresentata dai parchi eolici offshore. I dati climatici ad alta risoluzione sono necessari per fornire informazioni accurate sulla possibilità di raccolta dell'energia eolica, che dipende fortemente dalle caratteristiche climatiche di una zona specifica. È quindi importante produrre stime dei cambiamenti nelle risorse eoliche in condizioni climatiche future. È per questo che uno degli obiettivi di Destination Earth sarà anche l'implementazione di diversi indicatori fisici sulle anomalie della velocità del vento e la densità di potenza eolica, insieme alla stima di variabilità annuale di queste metriche.

Infine, abbiamo sempre piu` a che fare con ondate di calore crescenti in intensità, durata e frequenza.

Gli ambienti urbani sono molto vulnerabili alle ondate di calore a causa dell'effetto isola di calore urbano (UHI), che si verifica quando le città sostituiscono la copertura naturale del suolo, come la vegetazione, con concentrazioni dense di pavimentazione, edifici e altre superfici che assorbono e trattengono il calore. Detto effetto aumenta i costi energetici (per esempio, per il condizionamento dell'aria), e di conseguenza anche i livelli di inquinamento atmosferico dovuti al calore di scarico aggiuntivo, nonché le malattie e la mortalità legate al calore.

Ancora una volta quest'oggi le prove parlano chiaro e ci dicono che possiamo costruire e rendere operativi supercomputer non solo innocui in termini di impronta di carbonio, ma che addirittura contribuiscono attivamente a combattere il cambiamento climatico. Le applicazioni e i casi d'uso che vi ho descritto dimostrano come stiamo utilizzando la potenza del calcolo HPC per migliorare la nostra comprensione del clima e sviluppare strategie più efficaci per adattarci e mitigare gli effetti del cambiamento climatico. LUMI e gli altri calcolatori, con tutta la loro potenza di calcolo e la capacità di contribuire alla sostenibilità, rappresentano una speranza per il futuro, oltre che un esempio brillante di come l'umanità possa usare l'innovazione per affrontare le sfide più grandi che abbia mai conosciuto. Ecco perché dobbiamo continuare a investire nella tecnologia e nella scienza: perché lungo il percorso tortuoso che guida l'uomo verso la comprensione del mondo che ci circonda, esso ne possa scoprire la bellezza, antica, potente, e amarla, e perciò preservarla.

Ho concluso.»

La bellezza salvifica del cosmo

Ore 20

A queste due ultime parole l'avvocato Battino tornò al suo posto e, per allontanare la stanchezza della lunga, interminabile giornata, come in mattinata prima di lui aveva fatto il collega Mari, chiuse gli occhi, calmò il respiro e lasciò che il suo cuore gli illuminasse quell'istante di buio con i ricordi: il periodo del dottorato a Basilea, il primo inciampo nel cielo dello sguardo di Jem, sua moglie, e poi il figlio Sebastian, il suo più grande orgoglio. Eppure, mancava qualcosa, in quel teatro del cuore mancava un attore. Battino lo cercò per tutto il tempo, infine la trovò, Grace, la cagnolona di pastore tedesco a cui aveva detto addio qualche anno prima era lì al suo fianco che lo guardava con la lingua penzoloni, era lì, perché chi si ama non va mai via.

Un sorriso si stampò sul volto dell'avvocato che alla domanda dei colleghi del perché di tanta felicità rispose semplicemente: «Perché l'ho conosciuta».

Di tutt'altro aspetto erano i volti dell'accusa, vere e proprie maschere di rabbia e stizza modellate dall'abilità dell'avversario nel prevedere e anticipare ogni loro mossa. Ne era la prova il taccuino di cui poc'anzi si è detto sul quale le parole scritte in precedenza erano state sepolte da profonde linee nere, solchi d'inchiostro il cui andare sembrava tracciare una sola possibile via: la disfatta.

Ma se c'è una virtù che va riconosciuta a siffatti uomini è la tenacia, che fino alla fine li ha guidati nel processo. Era, infatti, ormai giunta l'ora dell'arringa finale, quella in cui le due parti si accingono a tirare le somme, l'ultimo estremo tentativo di far pendere dalla loro l'ago della bilancia. Erano le 20.00, l'ora in cui il dado stava per essere tratto.

Il discorso dell'accusa fu brillante, imbevuto di una vitalità ritrovata, e non solo riuscì a ripercorrere con meticolosità ogni momento del processo, ma addirittura instillarono il dubbio nei presenti che fosse tutto un piano: la tensione, le provocazioni e la rabbia erano stati un mezzo per portare la difesa nella tana del leone e lì consumarne la sconfitta. La cosa funzionò e molti, quando l'accusa ebbe terminato, ne furono convinti.

Molti, ma non di certo l'avvocato Daniele Gasparri a cui i colleghi avevano affidato gli oneri e gli onori dell'arringa conclusiva.

Gasparri era un tipo che quasi ogni generazione di esseri umani avrebbe definito particolare. Una mina vagante per qualche momento della storia, un sognatore per altre epoche, un ribelle, nella sua accezione più negativa propria dei tempi più bui dell'umanità. Di certo, un pensatore libero fuori dagli schemi. Non si sarebbe detto a prima vista, ingessato com'era nei panni, tutti uguali, che imponeva il protocollo. Ma il Gasparri, nei protocolli, ci si tuffava a picco solo per poter-

li poi scardinare dall'interno con una mossa che avrebbe sorpreso tutti. Era solito dire: «Adoro vedere la faccia sorpresa delle persone quando faccio qualcosa che non si aspettano, è come se gli si disattivasse il pilota automatico e iniziassero finalmente a pensare con la loro testa». La difesa lo sapeva, nel bene e nel male; per questo lo lasciò per ultimo. Nessuno aveva idea di cosa avrebbe detto o fatto davvero, ma tutti sapevano che, in un modo o nell'altro, avrebbe sovvertito la strategia che con cura era stata pianificata nei minimi dettagli e che il Gasparri, un po' per noia e un po' per carattere, aveva approvato giorni addietro concludendo con un laconico: «Perfetto, va benissimo».

Gasparri, in realtà, era cresciuto a pane e universo, sebbene le vicende della vita lo avessero portato a fare tutt'altro. Aveva scoperto l'astronomia per caso quando aveva solo dieci anni, puntando un binocolo sulla Luna e osservandone i crateri in una notte di fine estate di un qualche anno imprecisato. Lo sapevano anche le pareti, ormai, perché questa storia era il suo modo per iniziare, continuare e terminare quasi ogni conversazione, in qualsiasi ambito. Non importa di cosa si parlasse, lui riusciva sempre a infilare nei discorsi questo racconto che ogni volta si arricchiva di sfumature diverse e libere variazioni sul tema. Chi aveva il privilegio (ma era davvero un privilegio?) di ascoltare le numerose versioni di tale aneddoto si era fatto l'idea che, forse, del tutto reale non fosse, ma aveva ben compreso la morale che c'era dietro. Un uomo libero senza dubbio, che per tutta la sua carriera aveva fatto solo due cose, poche, ma buone, ossia: sviluppare un pensiero libero dai vincoli storici della moda della società del momento e aiutare gli altri a ritrovare la propria libertà, più psicologica che fisica, «perché un mio cliente può pure andare in galera, ma se riesce a pensare sarà sempre libero».

Gasparri voleva fare l'astronomo, ma i suoi professori lo convinsero che sarebbe stata una causa persa per fin troppi motivi. Un po' per ripicca, un po' per sfida, decise quindi di studiare da avvocato: «Perché nessuna causa è persa!». Tutto sommato, avrebbe potuto aiutare le persone a sentirsi libere e restare libero lui stesso. Nel corso dei suoi studi si convinse sempre di più a proseguire per questa strada che plasmò però a sua immagine e somiglianza, rompendo a mano a mano tutti gli schemi rigidi della professione. Non avrebbe deluso nemmeno in tale circostanza, l'occasione alla quale forse si era preparato senza rendersi conto da una vita, il momento in cui, senza più niente da perdere, avrebbe potuto abbattere le ultime barriere rimaste e parlare con il cuore aperto. Un «all in» clamoroso che avrebbe potuto risvegliare le coscienze della giuria o farlo odiare a tal punto da infliggere a lui, e alla scienza, una condanna esemplare. Decise di rischiare, senza dubitare per un secondo.

Si alzò in piedi, si sistemò la giacca che gli stava in modo evidente regalando una spettacolare orticaria, e iniziò a camminare in silenzio. Era già uscito dalla strategia concordata. Non stava recitando, stava pensando a cosa avrebbe detto; si stava preparando a improvvisare lasciandosi trasportare dal momento.

D'improvviso si fermò vicino alla giuria. Alzò la testa, fino a quel momento china a osservare il pavimento e abbozzò un sorriso. Era il segnale inequivocabile che nella sua testa aveva trovato la quadra del cerchio e che era arrivato il momento di svuotare il sacco. Si tolse quella giacca stretta, si allentò quella cravatta soffocante, sfilò e gettò in terra quei finti oc-

chiali da vista che qualche ingenuo consulente della difesa lo aveva obbligato a indossare nel vano tentativo di conferirgli un'aria più seria e «professionale».

«Vi racconterò una storia.» *Esordì, con tono appassionato.* «Forse sarà lunga, forse non sembrerà essere collegata a quanto raccontato in modo impeccabile fin qui. Ma è una storia che vi chiedo di ascoltare liberando anche voi dalle costrizioni che la situazione in cui ci troviamo richiede. Ascoltate con attenzione, venite con me. Non abbiamo, non avete nulla da perdere e poi, vi prometto, tutti possiamo tornare nei ruoli che questa realtà ci impone. Ascoltate come semplici esseri umani, uguali a me, uguali agli altri, uniti da qualcosa di comune e ben più grande dei copioni che ci imponiamo di recitare. Non cercherò di convincervi; ho solo voglia di parlare e sognare insieme a voi.»

Con tali parole iniziò la sua arringa finale. Un fiume in piena, il Gasparri, che nessuno, incluso lui, sapeva quando si sarebbe fermato.
«Tutte le storie che si rispettano hanno un inizio ben definito, dei personaggi che vivono avventure straordinarie e ai quali il bravo narratore cerca di far creare dei legami con chi la storia la sta ascoltando. Potrei seguire questo cliché, facendovi innamorare della romantica narrazione di qualche personaggio mai esistito. Ma sarebbe una bugia. Certo, la società si aspetta che noi avvocati farciamo il 5% di verità con un 95% di bugie per arrivare al nostro scopo e quindi potrei benissimo farlo e ricevere, in modo assurdo, persino dei complimenti sulla mia capacità narrativa. Ma non lo faccio e non l'ho mai fatto.

Ho deciso di fare altro, di raccontare la verità senza romanzarla, perché sono sicuro che sia più potente di qualsiasi storia strappalacrime che mai potrei inventare.

Non si sa né quando né come, ma posso assicurare, con dovizia di prove prese in prestito dai miei colleghi archeologi, che l'astronomia ha sempre accompagnato l'umanità sin dalla sua nascita.

Non sappiamo identificare quando il primo essere umano, così come lo conosciamo, sia nato, cosicché non sappiamo dire con certezza quando abbiamo iniziato a guardare il cielo, ma possiamo dire di averlo sempre fatto.

Persi nei meandri di una storia che ha una data indefinita, su un pianeta davvero diverso da quello che conosciamo, dobbiamo tornare indietro di decine di migliaia di anni per trovare le prime prove dell'intimo rapporto tra i nostri antenati e il cielo stellato. I miei amici archeologi sono piuttosto sicuri di aver trovato le prime, rudimentali mappe del cielo, realizzate ben prima che scoprissimo la scrittura, quando ancora eravamo popoli nomadi impegnati in modo incessante nella ricerca di cibo per le nostre affamate bocche.

In questo contesto, tanto lontano nello spazio e nel tempo, vi invito a dimenticare tutto quello che sappiamo. È uno sforzo non indifferente, ma è necessario farlo per capire chi eravamo e chi siamo ora.

Allora proviamo a metterci per un attimo nei panni di quella creatura che ora chiamiamo uomo. Viviamo in un mondo crudele, divisi in piccole comunità in balìa degli elementi e della spietata eleganza della natura che ci circonda. Ogni giornata è una lotta per la sopravvivenza, con il cibo che scarseggia e le risorse da trovare attraverso la caccia e la raccolta di semi e piante sparse su un'area di diversi chilometri quadrati da setacciare in modo costante. Non abbiamo idea di ciò che diventeremo, per ora siamo semplici cacciatori e raccoglitori che si svegliano all'alba per dare un futuro a noi e alla comunità della quale facciamo parte. La nostra vita è del tutto diversa da quella attuale che, forse, non riusciamo a immaginarla appieno.

Comunichiamo con un linguaggio che non stenteremmo a definire primitivo, non sappiamo scrivere. Non abbiamo a disposizione alcun tipo di tecnologia e dobbiamo fabbricare i nostri strumenti sfregando delle pietre le une contro le altre. Ma, attenzione: non siamo stupidi, non siamo meno intelligenti di come potremmo sentirci ora. Siamo solo in un tempo diverso, privi dell'appoggio dei giganti che verranno e che, in decine di migliaia di anni, trasformeranno profondamente il nostro modo di essere e di vivere.

Le giornate sono lunghe e faticose. Il Sole, nostro amico, ci aiuta non poco a sopravvivere durante il giorno. Ma quando questo cala implacabile su di noi, puntuale ogni volta, inizia un altro viaggio straordinario, ma dentro di noi. Ogni notte serena si accende sopra qualcosa che oltre l'80% dell'attuale generazione non ha mai visto: un cielo stellato incontaminato. Migliaia di stelle pullulano nelle ancestrali notti, regalandoci una visione che scatena sensazioni contrastanti: stupore, meraviglia, paura, incertezza, curiosità. Non importa quale sia la nostra reazione, ma posso assicurare che ce ne sarà sempre una di fronte allo spettacolo più grande e glorioso di sempre.

Migliaia di fiammelle accendono le nostre notti, stimolano la nostra mente, ricaricano le nostre energie. Sopra di noi, durante ogni notte serena, va in scena l'immenso spettacolo del cosmo. Più grande e straordinario di qualsiasi cosa che l'umanità inventerà da qui all'eternità. Uno spettacolo che, ci piace credere, sia stato messo in scena da qualcuno, o qualcosa, molto più grande di noi, in un atto amorevole per ricordarci chi siamo, cosa siamo e tutto ciò che di buono faremo nella nostra incerta e frastagliata storia futura.

Non abbiamo idea di cosa siano quelle fiammelle che disegnano strane geometrie in cielo e non ne avremo per decine di migliaia di anni, eppure non importa. Non è necessario conoscere la natura fisica di quello che si sta guardando per intraprendere un viaggio profondo dentro noi stessi, per sognare, creare, pensare e svegliare la nostra coscienza spesso assopita.

Il più antico reperto del nostro ancestrale legame con il cielo stellato che abbiamo finora trovato è stato, con molta probabilità, inciso circa trentacinquemila anni fa su un osso d'ala di un'aquila. Non sappiamo chi lo abbia fatto: forse due romantici fidanzati, lo sciamano di una comunità, o un solitario sognatore che scrutava con vivido interesse il cielo. Possiamo ricamarci sopra tutte le storie che vogliamo, ma non cambia il risultato: su quell'osso sembrano esserci incise le fasi e i movimenti della Luna, quella strana palla di luce che ogni giorno si sposta in cielo e cambia la sua forma con un periodo sempre fisso, uguale di anno in anno. Pensate, guardavamo il cielo e lo facevamo molto più spesso di quanto lo possiamo fare ora.

Di reperti che testimoniano lo stretto legame tra l'uomo e il cielo ne abbiamo trovati così tanti negli ultimi decenni che ci siamo inventati una nuova disciplina: l'archeoastronomia, la scienza che si occupa di studiare lo stretto connubio tra l'umanità e il cielo.

Non sapevamo scrivere, ma sapevamo vedere il cielo e cogliere la sua importanza rendendolo parte della nostra vita. Per prevedere il passare del tempo, con indubbi risvolti pratici su quella che un giorno sarebbe diventata la rivoluzione dell'agricoltura. Con meno conosciuti, ma più potenti, risvolti personali e comunitari.

Quelle deboli fiammelle di cieli incontaminati divennero ben presto custodi delle storie, dei sogni, delle paure e delle speranze dell'umanità.

Quelle flebili luci svegliarono potente in noi la capacità di immaginare e di creare. Storie, miti, leggende, religioni, pittura, canti, poesie… Tutta l'immensa capacità creativa dell'essere umano venne ispirata di continuo dalla visione di quel misterioso e straordinario cielo stellato.

Di prove a suffragio di quello che sto dicendo ne abbiamo tante, alcune molto conosciute, altre meno, altre ancora perse nei rivoli della nostra storia. Tutti noi conosciamo il famoso sito di Stonehenge, in Inghilterra. Eretto con la fatica delle mani nude tra il 3000 e il 1600 a.C., è forse il più noto sito archeoastronomico del mondo, la mastodontica prova del rapporto tra l'essere umano e il cielo. Prima di Stonehenge, le grotte di Lascaux, un meraviglioso museo naturale dei nostri antenati del Paleolitico, nascondono quelli che sono reputati gli antichi disegni di costellazioni e rappresentazioni di alcune luminose stelle del cielo. Stremati, infreddoliti, spaventati dall'oscurità intorno a noi, trovavamo rifugio nella calda luce delle stelle, cullati in un incosciente legame tra noi e il cosmo.

Tra i tre e i seimila anni fa in gran parte dell'Europa centrale e settentrionale nacquero diversi siti megalitici, luoghi in cui l'essere umano venerava e studiava il cielo stellato e i suoi periodici movimenti.

Non sapevamo ancora scrivere, o forse stavamo imparando, ma di certo conoscevamo il cielo stellato più di quanto possiamo immaginare. Conoscevamo i movimenti del Sole, della Luna e dei pianeti, e li sapevamo prevedere con impressionante precisione. Sfido io, signori qui presenti, chi di voi, lasciato solo in una barca in mezzo all'oceano, riesca anche solo a orientarsi osservando il cielo.

I nostri predecessori lo sapevano fare, ben prima di potercelo dire con la scrittura.

I nostri antenati delle latitudini più settentrionali potevano osservare l'immenso spettacolo delle aurore boreali e qualche archeoastronomo reputa possibile che si avesse già una forte idea della sfericità della Terra. Sì, posso vedere le facce stupite e meravigliate. Con buona probabilità sapevamo che la Terra fosse sferica già migliaia di anni prima dell'anno zero del nostro attuale calendario. Sfido io, di nuovo, a capirlo senza l'ausilio di strumenti e di conoscenze, solo osservando il cielo e raccogliendo dati con i nostri occhi.

Che la sfericità della Terra fosse conosciuta addirittura nel neolitico è un'affascinante teoria che potrebbe richiedere altre prove per essere suffragata a sufficienza, ma con l'invenzione della scrittura e l'avvento delle prime grandi civiltà abbiamo molte più certezze.

Sfogliando la storia dell'umanità come un lungo filmato timelapse, che mostra in pochi minuti migliaia di anni, possiamo avere l'assoluta certezza che l'osservazione del cielo e la comprensione dei misteri associati all'universo fossero parte integrante della struttura sociale e culturale di ogni civiltà. A cominciare dai babilonesi, che perfezionarono e svilupparono una visione del cosmo come rappresentazione sublime delle divinità, non c'è stata civiltà, in ogni parte del mondo, che non abbia associato al divino il cielo stellato, portando questa interpretazione dell'universo nella struttura stessa della società.

Gran parte della mitologia delle antiche civiltà del passato è collegata alla visione e all'interpretazione del cielo stellato, in un tentativo sublime di dare una spiegazione della nostra presenza sul pianeta e della nostra straordinaria capacità di essere coscienti di tutto ciò. Non solo un mero strumento pratico, l'astronomia, per determinare le stagioni e i cicli di semina dei campi, ma un formidabile ariete con cui cercare di superare i propri limiti e potenziare la nostra straordinaria intelligenza, in ogni campo dello scibile.

Gli antichi greci costruirono una complessa mitologia che tuttora ci affascina. Avremmo a disposizione tutte le opere antiche, le religioni, i miti e le leggende se non avessimo osservato il cielo e non ci fossimo fatti delle domande? Dove saremmo, ora, senza questa fonte di ispirazione?

Ai greci dobbiamo anche l'inizio di quella che poi verrà chiamata scienza e rudimentali applicazioni di quello che sarà il metodo scientifico. Eratostene di Cirene riuscì a misurare la circonferenza della Terra con due bastoni e un immenso spirito di osservazione, sbagliando di poche centinaia di chilometri. Chi di voi, oggi, riuscirebbe a replicare il suo esperimento o, ancora più difficile, ad arrivare a sviluppare il metodo che gli ha permesso di risolvere, con la potenza dei numeri e la forza della riproducibilità, la millenaria questione sulla forma e le dimensioni del nostro pianeta?

Ed è solo l'inizio. Perché negli ultimi quattrocento anni il nostro rapporto con l'universo si è ampliato fino a coinvolgere ogni aspetto della società, fino a far nascere quella che abbiamo chiamato scienza: nient'altro che il volano dell'esponenziale sviluppo economico, scientifico e culturale che ci ha portato dal disegnare i movimenti della Luna a camminare sulla sua superficie, dall'immaginare la potenza delle stelle a riprodurre la loro immensa energia.

Ora, signor presidente ed egregi signori della corte, soffermiamoci a riflettere sull'uomo, su questa sua natura media in cui è consapevole dei suoi stessi limiti, ma desidera sempre spingersi più in là per comprendere sempre meglio la realtà. L'essere umano è un animale straordinario. Siamo capaci di pensare, di elaborare quello che vediamo, di amare, sognare e, purtroppo, odiare. Siamo in grado di costruire cose, plasmare i nostri pensieri in straordinarie opere d'arte fatte di parole, colori o nei mille altri modi che la nostra mente riesce a concepire. Siamo degli esploratori dell'ignoto. Ci nutriamo della conoscenza, o almeno della sua illusione; vogliamo scoprire, viaggiare, sognare. Perché questo ci fa sentire bene, ci fa sentire liberi.

Per migliaia di anni abbiamo pensato e interpretato il mondo esterno secondo i nostri canoni interiori, assecondando i sogni, le speranze, le paure e i sentimenti tipici dell'umanità.

Abbiamo creduto che la natura che ci circondava fosse a nostro uso e consumo. Abbiamo creduto che le stelle influenzassero le nostre vite.

Abbiamo avuto la convinzione che un essere senziente molto più potente di noi gestisse l'universo come un immenso parco giochi, fatto a nostra immagine e somiglianza, soltanto per noi, figli eletti al centro di tutto.

Per migliaia e migliaia di anni siamo rimasti dei bambini innocenti, cullati da racconti fiabeschi. Poi, però, abbiamo iniziato a crescere. Alcuni lo hanno fatto prima di altri, trascinandosi le ire dei bambini che non potevano, o volevano, ancora comprendere.

Oggi la nostra visione dell'universo, inteso come tutto quello che ci circonda, è molto diversa rispetto a quella che l'umanità con ingenuità si è imposta per migliaia di anni ed è senza dubbio più vicina alla realtà. E qui entra in gioco l'essenza esploratrice dell'umanità, la sua curiosità e voglia di conoscere. Entra in gioco l'astronomia intesa come scienza moderna.

Non sono state solo le osservazioni telescopiche sempre più profonde a regalarci la svolta epocale, ma una visione del mondo che con il passare dei secoli si è fatta via via sempre meno antropocentrica, sempre meno incentrata sui nostri sentimenti, sulle nostre sensazioni, le paure, i desideri. Insomma, a un certo punto, non si sa quando di preciso, abbiamo compreso che noi siamo noi e ciò che c'è lì fuori può funzionare in modo diverso; che la realtà che viviamo su questa biglia blu può essere solo una minuscola parte di quella esistente.

D'improvviso siamo diventati consapevoli. La consapevolezza non è qualcosa di materiale; non ha forma, non si riesce a descrivere.

Si può percepire, sentire, vivere. Si può allenare e persino perdere, senza esserne ovviamente consapevoli.

Consapevolezza è la parola chiave che ci ha permesso di iniziare a investigare l'universo con gli strumenti adatti, al di là del legame emotivo e personale. Un percorso lunghissimo che, forse, non avrà mai fine, almeno finché l'ultimo essere umano rimarrà consapevole. Una luce in un mare di nebbia, un osservatore in una foresta piena di alberi e un navigatore di un oscuro oceano chiamato universo.

La consapevolezza è parte di ciò che ci rende umani, qualcosa che ci differenzia da tutte le altre specie che popolano questo unico pianeta. Mischiata con altri potenti ingredienti, come la curiosità e l'immaginazione, ci permette di fare cose straordinarie e scoperte indescrivibili, di progredire verso un futuro che potrebbe fare un po' meno paura.

Non sappiamo quando siamo diventati consapevoli del mondo che ci circonda ma vi posso assicurare, illustrissime signore e illustrissimi signori della corte, che se ci siamo riusciti è perché per migliaia di anni abbiamo potuto vedere e studiare il cielo stellato.

Per migliaia e migliaia di anni abbiamo osservato le stelle, e per grandissima parte del tempo non ci abbiamo capito nulla. A lungo abbiamo pensato che quei puntini di notte fossero stati messi lì da qualcuno o qualcosa per rendere le nostre vite meno oscure. Come sempre, tutto girava attorno a noi e nessuno aveva idea di cosa fossero le stelle e quale il loro vero significato per la nostra esistenza.

Il filosofo Anassagora, nel V secolo a.C., nella sua opera *Sulla Natura* scrisse qualcosa del tipo: "Il Sole, la Luna e tutte le stelle sono pietre infuocate, messe insieme in circolo dalla rotazione dell'etere", differenziandole dalla Luna e dal Sole perché "il calore delle stelle non lo avvertiamo per la loro grande distanza dalla Terra: e poi esse non hanno calore come il Sole, perché occupano una regione più fredda". Questa è l'osservazione che potrebbe fare oggi un bambino di qualche anno. Anassagora non era né un bambino e né ingenuo, ma l'umanità lo era, eccome. E poiché tutti noi siamo figli dei nostri tempi, anche la più grande delle menti doveva fare i conti con un livello di consapevolezza limitato dalla giovane età dell'umanità, per la quale il fardello dell'insignificanza non era nemmeno immaginabile. La coerente risposta logica è stata quindi pensare di essere al centro di tutto e di poter rispondere alle grandi domande in base alla propria esperienza.

La brillante mente di Anassagora era andata molto vicino, considerata la limitatissima conoscenza dell'umanità del tempo, a svelare cosa fossero le stelle. Ci vollero però molti secoli prima che questa visione si evolvesse nella direzione giusta e con i metodi giusti, quelli della scienza.

Solo viaggiando si possono abbattere le proprie barriere e costruire le basi per una conoscenza consapevole del mondo che ci circonda. Il viaggio dell'umanità è durato secoli e non è stato per niente lineare ma, alla fine, alla meta ci siamo arrivati. La meta è la consapevolezza che non dobbiamo guardare all'universo, e alla natura, solo con occhi umani, se vogliamo capire come funziona.

Noi oggi non siamo più intelligenti dei nostri antenati; solo conosciamo più cose, grazie a loro. Sono sicuro che io non avrei mai trovato il modo brillante di misurare la circonferenza terrestre come fece Eratostene, né tantomeno formulare la legge di gravitazione universale come ha fatto Newton. Però, oggi, a noi queste cose sembrano (o dovrebbero sembrare) scontate, innate nella conoscenza che riceviamo fin dalla scuola primaria. Non sono intelligente, ma mi sento consapevole. Tutti noi lo siamo, più dei nostri antenati, si spera meno dei nostri figli. La consapevolezza si acquisisce con la voglia di conoscere quello che i pochi geni hanno conquistato, a nome dell'umanità, nel corso dei millenni. La consapevolezza è ciò che rende gli umani migliori ed è uno dei più grandi regali che possiamo fare a noi, agli altri e al pianeta.

Arriviamo ora all'astronomia moderna. Fino al termine del Medioevo le conoscenze scientifiche erano limitate da ciò che potevamo ottenere senza strumenti, tecnologia e metodo. Poi arrivò la rivoluzione.

Di colpo il genere umano, a partire dal diciassettesimo secolo, ha conosciuto una crescita intellettuale e tecnologica spaventosa, di gran lunga maggiore di quella avuta in tutta la sua storia precedente.

Difficile comprendere quale sia stata la svolta; perché solo Newton sia arrivato a formulare la legge di gravitazione universale e non gli antichi greci, o perché Keplero, e nessuno prima di lui, svelò le leggi che regolavano il moto dei pianeti attorno al Sole.

Più semplice, invece, comprendere le scoperte di Galileo, il padre dell'astronomia moderna.

Il suo cannocchiale permetteva infatti di osservare in dettaglio quello che l'occhio, per evidenti limiti, non era mai riuscito a fare.

Quei piccoli e indistinti punti luminosi, chiamati pianeti sin dalle antiche popolazioni, apparvero di colpo come altri mondi simili al nostro.

La Terra, sinonimo per migliaia di anni di suolo arido e secco, all'improvviso divenne il pianeta Terra, nient'altro che uno dei tanti mondi, come quelli che quel semplice cannocchiale permetteva di ammirare. In un modo del tutto inaspettato quel termine acquisì un significato diverso. Fu una rivoluzione senza precedenti. Quel cielo stellato che tante notti oscure aveva rischiarato, riempendole di sogni, speranze, miti, leggende, arte, poesia... Quel cielo stellato specchio della misteriosa anima dell'umanità, divenne d'improvviso la manifestazione straordinaria di qualcosa di molto più grande di noi. Non eravamo più soli nell'universo; il nostro mondo, questa sterminata distesa di suolo a volte arido, altre prospero, non era che una piccola sfera persa in un mare nero costellato di tanto in tanto di altri mondi, alcuni con montagne e strani buchi, come la Luna, altri con anelli come Saturno. Scoprimmo la scienza, il metodo scientifico, la realtà che ci circonda e ci sovrasta. Non eravamo preparati, non lo saremmo mai stati per nessuna delle grandi scoperte che si sarebbero succedute a ritmo sempre più intenso e che avrebbero per sempre cambiato la nostra visione delle cose, il nostro modo di vivere, pensare, agire, sognare e sperare.

Di colpo tutto sembrava diverso; di colpo potevamo vedere laddove per migliaia di anni eravamo ciechi. Di colpo scoprimmo il linguaggio con cui potevamo conoscere il vero aspetto dell'universo: la fisica e la matematica. L'evoluzione dei telescopi e delle tecniche di indagine permise di scoprire che quei piccoli punti luminosi chiamati stelle non erano delle fiammelle appese su un gigantesco soffitto disegnato da Dio, ma degli astri dalle dimensioni inimmaginabili del tutto simili al Sole, la stella a noi più vicina.

In questo spazio smisurato, ormai esteso per diverse migliaia di miliardi di chilometri, il pianeta abitato dagli uomini si fece d'improvviso piccolo, così piccolo da risultare difficile, se non impossibile, da immaginare.

Nell'immenso viaggio che l'umanità ha fatto dentro di essa, osservando il cielo e la Terra, i tempi divennero maturi per costruire i primi modelli stellari, semplici, incompleti, ma con vere basi fisiche e matematiche.

Ci vollero ancora un paio di secoli prima di arrivare a capire come sono fatte le stelle e quali sono i meccanismi di produzione dell'energia, grazie ai passi fondamentali portati avanti dai grandi geni della fisica del ventesimo secolo: da Einstein a Sir Arthur Eddington, fino a un certo George Gamow, colui che scoprì uno straordinario meccanismo della meccanica quantistica che permetteva la realizzazione, alle temperature stellari, del processo di fusione nucleare, il vero principio alla base del funzionamento di tutte le stelle dell'universo.

Non è possibile riconoscere in questo titanico sforzo di conoscenza una persona cui attribuire gran parte del merito.

La conoscenza scientifica, già agli inizi del Novecento, era diventata tanto vasta e complessa che l'umanità dovette imparare a collaborare.

Non più un genio solitario che risolve da solo un problema ritenuto impossibile, ma l'unione costruttiva di più menti brillanti che insieme riescono a dirimere questioni antiche quanto l'umanità stessa.

La grandezza, la complessità e la spettacolarità dell'universo che lentamente, dopo millenni di miti e leggende, si era cominciato a scoprire, era ancora ben poca cosa rispetto a quello che riuscì a dimostrare il grande astronomo Edwin Hubble negli anni Venti del Novecento.

Quando Hubble scoprì nella nebulosa di Andromeda alcune stelle variabili, e riuscì a ricavarne la distanza, il genere umano si fece ancora e, in modo sorprendente, più piccolo. Di certo una sorpresa ricca di domande e inquietudine. Le migliaia di anni luce stimate per il diametro della Via Lattea, migliaia di migliaia di miliardi dei nostri chilometri, di colpo divennero milioni di anni luce, poi miliardi. Impossibile immaginare una dimensione del genere, si rischia di perdere la ragione anche solo pensandoci.

Ora sappiamo che nell'universo osservabile, forse una piccola parte della sua estensione reale, esistono centinaia, o migliaia di miliardi di galassie, ognuna contenente in media cento miliardi di stelle e forse anche più pianeti.

Il nostro mondo, le nostre storie, le nostre credenze, miti e leggende che si intrecciano con il lato spirituale che cerca di porre rimedio alla sperduta desolazione di questo immenso spazio, non sono tutto l'universo, non ne sono neanche il centro, e forse non rappresentano neanche le uniche voci di un luogo sconfinato in cui prevale il silenzio. Il silenzio di un cosmo che ci vede alla stregua di batteri in un mondo popolato da immensi dinosauri.

E allora, chi siamo? Da dove veniamo? Questa è la domanda che ci siamo sempre fatti da quando abbiamo preso coscienza di noi e dell'ambiente che ci circonda. E, anche se non ne eravamo pienamente consapevoli, abbiamo sempre saputo che la risposta sarebbe stata tra le stelle, in quel gesto istintivo di alzare la testa di notte e cercare delle risposte.

Oggi la scienza astronomica ci ha fornito tantissime risposte ma altre, ancora, restano in sospeso. Conosciamo la nostra origine, la nostra speciale insignificanza a cospetto dell'universo e abbiamo preso coscienza che tutti i problemi che ci attanagliano hanno già trovato risposta nel cosmo, che è molto più vecchio di noi. Basta cercare per trovare le soluzioni.

Negli ultimi cento anni la nostra visione dell'universo e del mondo intorno a noi è cambiata in una maniera impensabile. Se uno dei grandi pensatori del passato potesse essere catapultato con un'improbabile macchina del tempo fino ai giorni nostri rimarrebbe sconvolto da tutto quello che sappiamo, dalla consapevolezza che l'umanità ha acquisito in pochi secoli continuando a fare quello che ha sempre fatto: guardare il cielo e cercare di rispondere con stoica testardaggine alle stesse domande che si è fatta per centinaia di migliaia di anni.

Non c'è bisogno di essere astronomi per attingere, oggi, alle conseguenze sociali, filosofiche e culturali delle scoperte fatte dagli scienziati che ci hanno preceduto. L'astronomia permea, spesso in modo inconsapevole, tutta la nostra vita. Non la ritroviamo solo nella tecnologia, ma nei libri, nei film, nella rete sociale, per le strade e le piazze. Un piccolo telescopio, dal costo inferiore a quello di uno smartphone, ci permette di esplorare con poco sforzo una piccola fetta dell'universo locale e lascia a bocca aperta tutti, dai bambini ai più navigati viaggiatori della vita. Mai nella nostra lunga (o breve) storia abbiamo avuto a disposizione così tante conoscenze, così tante informazioni, così tante immagini e visioni degli oggetti dell'universo. E oggi, finalmente, possiamo iniziare a rispondere a quelle pressanti domande vecchie quanto il mondo: "Chi siamo? Da dove veniamo?".

Pensate che all'inizio dei tempi, quando nacque l'universo, esistevano solo due elementi: idrogeno ed elio. Non c'era traccia del carbonio delle nostre cellule, dell'ossigeno che forma l'acqua del nostro corpo e dei mari. Non c'era il silicio che forma le rocce, il calcio delle ossa, il ferro degli attrezzi e delle auto. Non c'era nemmeno l'oro dei gioielli, il rame dei fili elettrici, il platino che ora usiamo persino nei telefoni cellulari. Non c'era niente dei materiali che conosciamo, della terra che calpestiamo. Niente con cui costruire i corpi, niente per plasmare qualsiasi forma di vita, niente persino per formare i pianeti.

Se possiamo leggere un libro e usare le monete per fare la spesa, se ammiriamo un universo di pianeti, asteroidi e comete, se ora sogniamo in un mondo fatto di terra, minerali, metalli preziosi e acqua; se ora viviamo... dobbiamo tutto alle gloriose stelle che nei miliardi di anni antecedenti alla nascita del Sistema Solare hanno prodotto tutti questi elementi e li hanno poi restituiti all'universo, in modo che una successiva generazione potesse nascere, formando questa volta anche pianeti con una superficie e forme di vita sempre più complesse.

Alziamo gli occhi e guardiamoci intorno. Qualsiasi cosa che vediamo qui nella stanza, persino l'aria che respiriamo, è formata da particelle, da atomi, che si sono creati miliardi di anni fa in qualche posto dell'universo, nel nucleo delle stelle più grandi mai esistite. Ringraziamo loro, che con il sacrificio estremo hanno reso possibile l'aggregazione degli elementi che hanno prodotto un pianeta azzurro bellissimo e forme di vita così complesse che ora sono in grado di rendersi conto della fortuna cosmica che hanno avuto. E allora non è per niente esagerato dire che in ogni cellula del nostro corpo e in ogni granello di terra di questo pianeta vive il ricordo di migliaia di stelle che in un tempo lontanissimo ci hanno regalato la possibilità di vivere e pensare.

Al di là delle ricadute pratiche dell'astronomia e della ricerca spaziale, vorrei quindi che ci soffermassimo per comprendere a fondo le ripercussioni in termini di conoscenza e consapevolezza che abbracciano, in modo anarchicamente democratico, ogni abitante della Terra.

Noi siamo aggregati di atomi con la capacità di guardare nell'infinità dello spazio e porsi domande su tutti gli altri atomi che hanno generato le grandi strutture dell'universo.

Siamo l'universo diventato cosciente per ammirare se stesso e la sublime perfezione delle leggi che lo regolano. Siamo minuscoli ma portiamo sulle spalle una responsabilità che per il momento ci appare unica. Il passato, il presente, il futuro dell'universo è una storia che, ora, compete a noi scrivere, comprendere e tramandare ai futuri abitanti.

Signori della giuria, tantissime persone in passato mi hanno chiesto a cosa servisse oggi l'astronomia prima che diventasse l'argomento di un vero e proprio processo.

Vorrei terminare la mia lunga arringa con un pensiero personale, un'opinione non richiesta.

Nella nostra vita facciamo tante cose che potrebbero non avere riscontri pratici, ma questo non implica che non siano belle e divertenti. Tutti gli sport, tutte le forme d'arte, la letteratura, la filosofia, la musica; tutto ciò che rende nobile l'animo dell'essere umano e ci fa divertire ben oltre i pochi minuti di un paio di video stupidi sui social, non ha utilità pratica. Si potrebbe benissimo vivere senza, risparmiando risorse ed energie verso progetti che potremmo ritenere di maggiore utilità.

Eliminiamo allora ogni forma d'arte, ogni costosissimo sport, la musica, la filosofia e, in generale, la conoscenza. Spegniamo l'anima dell'essere umano e gettiamo nella spazzatura la consapevolezza frutto di migliaia e migliaia di anni di pura conoscenza.

Eliminiamo l'immaginazione e la libertà, acquisita tra atroci battaglie e impervi viaggi. Eliminiamo ciò che ci ha reso umani e alla fine, dunque, ci estingueremo. È questo quello che volete?

Pensare che osservare le stelle sia qualcosa che non possiamo permetterci a causa dei problemi che abbiamo è il modo migliore per autodistruggerci.

I problemi ci saranno sempre: se aspettiamo di risolverli tutti prima di guardare le stelle dimenticheremo chi siamo, da dove veniamo e il motivo stesso per cui vale la pena cercare di risolverli. Senza dimenticare che privi di conoscenza, di esperienza, di sensibilità verso di noi, gli altri e la natura, non potremo mai risolvere le nostre questioni, perché spesso esse nascono proprio dal fatto che non guardiamo abbastanza le stelle, che non capiamo l'universo e i modi in cui riesce a fare convivere insieme miliardi di miliardi di miliardi di corpi celesti.

L'astronomia è la materia che ci permette di conoscere le nostre origini, come funziona l'universo, come si evolverà e quale sarà il suo destino.

Ma c'è molto di più. L'astronomia è delizia per l'anima e il corpo; perché non c'è azione di più incontaminata bellezza che alzare gli occhi al cielo e perdersi volando attraverso quel piccolo angolo di universo che abbiamo cominciato a esplorare con tanta fatica.

Prima di eliminare l'astronomia e la scienza, con una sentenza, e decidere di segnare il futuro dell'umanità, vi chiedo di fare un esperimento mentale, ora che ne abbiamo ancora la possibilità: immaginate se questa fosse stata eliminata tanto tempo fa e provate a tracciare la nuova rotta che avremmo intrapreso. Vi accorgereste subito che una storia priva di buona parte dell'arte, della letteratura, di sogni, speranze e progresso tecnologico non è una storia degna dell'umanità e non rende di certo giustizia ai liberi pensatori, conosciuti o meno, che ci hanno preceduto nei secoli passati, sulle cui spalle abbiamo costruito il nostro, straordinario presente. Noi, qui, oggi, decidiamo il futuro dell'umanità, dei nostri figli, dei nipoti e di tutti coloro che vivranno dopo di noi. Possiamo privarli della libertà di conoscere o insegnargli che della scienza e dell'astronomia non potremmo mai fare a meno. Il nostro mondo attuale è la prova più convincente dell'utilità estrema della ricerca astronomica. Io lo so, voi lo sapete. Non abbiate paura ad ammetterlo e vi sentirete subito molto più liberi di prendere la decisione migliore per tutti noi. Ho finito.»

L'avvocato Gasparri terminò l'arringa nel silenzio generale dell'aula, guardò ancora una volta l'accusa, poi i giudici e si sedette. Allora il magistrato impugnò una penna, un'elegantissima stilografica nera con intarsi in madreperla e corno e cominciò a scrivere un'ultima nota. Durante tutto il processo la penna si era mossa lenta sulle pagine, con cautela e minuzia, ma questa volta galoppava fra le righe: un purosangue che non vede più ostacoli alla sua decisione. Si fermò, incappucciò la stilografica e con il polllice e il medio fece una leggera pressione per far combaciare le due parti. Rilesse velocemente ciò che aveva appena scritto e chiuse il fascicolo. Quel sottile involucro di carta, che lo aveva accompagnato per tutta la giornata, era, se non ricordo male, color ciano, ma ora, forse perché sfiorato dalla calda luce del tramonto, sembrava di un verde acceso, un verde speranza…

Si chiudono le porte del tribunale

Ora l'aula è deserta, restano solo le memorie di quella difesa, restano loro e gli occhi di chi le ha pronunciate. Pare quasi di vederli; ci guardano, aspettano un verdetto: innocente o colpevole?

Innocente o colpevole?

Ringraziamenti

Eccoci giunti ancora una volta alla fine. Il sipario si è ormai chiuso, le luci sono spente e tu, caro lettore, stai per riporre definitivamente questo libro in uno degli scaffali della libreria di casa, forse soddisfatto o forse no, non lo sapremo mai. Perciò scusaci se ti abbiamo annoiato, raccontato cose che già conoscevi o ti abbiamo fatto venire il mal di testa con le nostre chiacchiere.

Oppure grazie, se ti sei divertito a seguire questo arduo processo, se ti sono piaciute le nostre «arringhe» a difesa della ricerca spaziale o, più semplicemente, se hai trovato le risposte giuste a domande che da tempo ti davano il tormento.

Ci teniamo poi a esprimere la nostra più profonda gratitudine a chi, seppur indirettamente, ha contribuito alla nascita di quest'opera:

- Pellegrino Guerriero, ingegnere aerospaziale e Ruggero Rollini, laureato in chimica e comunicatore della scienza, per i preziosi consigli;

- moderatori di Passione Astronomia (Francesco Moser, Francesco Cuccio, Salvatore Cerruto, Massimiliano Veschini, Fabrizio Fissore);
- redattori del blog (Valerio Novara, Andrea Fusco, Giovanni Cozzolongo, Marcella Giulia Pace e Roberto Paradiso);
- i sostenitori del progetto su Steady, il Fandom e tutta la community di Passione Astronomia.

Un ringraziamento speciale va a Giovanni Covone, professore di astrofisica e cosmologia presso l'Università degli studi di Napoli «Federico II», nonché vincitore della IX edizione del premio Asimov con *Altre Terre*, per aver creduto nel nostro lavoro facendoci dono di una prefazione che impreziosisce ulteriormente l'opera.

Bibliografia

Ad sidera vultus. I cieli antichi, in «Scienza per tutti», INFN. https://scienzapertutti.infn.it/rubrica-clio-2022

Apollo Lunar Surface Drill (ALSD) Final Report, 1968, Martin Marietta Engineering Report, n. ER14778, Baltimore, Maryland

CUMERAS R., FIGUERAS E., DAVIS C.E., BAUMBACH J.I., GRÀCIA I., *Review on ion mobility spectrometry. Part 1: current instrumentation*, in «Analyst», 2015 Mar 7;140(5):1376-90. doi: 10.1039/c4an01100g. PMID: 25465076; PMCID: PMC4331213

Familiarization and Support Manual for Apollo Lunar Surface Drill, 1971, NASA Technical Reports, MCR-71-35, issue 3, Martin Marietta Corp., Denver, Colorado

GASPARRI D., *Dai pianeti al Big Bang*, 2023. https://amzn.eu/d/cIlJqHt

LI Y., SCHUBERT S., KROPP J.P., *et al.*, *On the influence of density and morphology on the Urban Heat Island intensity*, in «Nat Commun», 11, 2647, 2020. https://doi.org/10.1038/s41467-020-16461-9

MCGUIRE T.E., *et al.*; *Kitt Peak multi-tasking FORTH-11*; in «The Journal of Forth Application Research», Vol. 2, No. 2, p. 57-67, 1984. URL: https://vfxforth.com/flag/jfar/vol2/no2/article4.pdf

Monopolies and Restrictive Practices Commission, 1989, in *Black & Decker: A Report on the Course of Conduct Pursued by Black & Decker in Relation to the Supply of Power Tools and Portable Work-Benches Intended for Domestic Use*, Cmnd 805, London: HMSO

MOORE C., *et al.*; *FORTH: a new Way to Program a Mini Computer*, in «Astronomy and Astrophysics Supplement», Vol. 15, p. 497, 1974. https://ui.adsabs.harvard.edu/abs/1974A%26AS...15..497M/abstract

NATIVI S., MAZZETTI P., CRAGLIA M., *Digital Ecosystems for Developing Digital Twins of the Earth: The Destination Earth Case*, in «Remote Sens», 2021, 13, 2119. https://doi.org/10.3390/rs13112119

Sitografia

https://ntrs.nasa.gov/api/citations/19710001808/downloads/19710001808.pdf

https://www.blackanddecker.com/pages/milestones

https://www.britannica.com/technology/telecommunication/Bit-mapping

https://www.britannica.com/technology/packet-switched-network

https://www.britannica.com/technology/Internet

https://www.dmf.unisalento.it/~panareo/Dispense_di_Fisica/Moti%20relativi.pdf

https://www.dpreview.com/articles/1014662014/inventor-cmos-sensor-eric-fossum-science-space-metaphysical-photons

https://www.eia.gov/energyexplained/solar/photovoltaics-and-electricity.php

https://ericfossum.com/

https://www.esa.int/

https://www.esa.int/Enabling_Support/Space_Engineering_Technology/SOLARIS

https://www.fe.infn.it/~lenisa/2020/lezioni/Coriolis.html#:~:text=L'effetto%20Coriolis%20ha%20un,superficie%20terrestre%20verso%20l'equatore

https://www.lumi-supercomputer.eu/

https://www.lumi-supercomputer.eu/lumi-ranked-high-on-new-top-lists/

https://www.lumi-supercomputer.eu/the-waste-energy-of-lumi-supercomputer-produces-20-percent-of-the-district-heat-of-kajaani-c-sc-and-loiste-lampo-have-signed-an-agreement/

https://www.mhs.ox.ac.uk/epact/glossary.php?FirstID=1&RecordsAtATime=227

https://www.nasa.gov/history/afj/ap11fj/index.html

https://www.nasa.gov/wp-content/uploads/2023/04/sp-4029.pdf

https://www.nasa.gov/wp-content/uploads/2023/04/sp-4503-apollo.pdf

https://power.larc.nasa.gov/

https://www.skypoint.it/it/blog/post/cmos-contro-ccd-fine-di-unera-pt-1/

https://www.skypoint.it/it/blog/post/cmos-contro-ccd-fine-di-unera-pt-2/

https://www.skypoint.it/it/blog/post/cmos-contro-ccd-fine-di-unera-pt-3/

https://spinoff.nasa.gov/Spinoff2010/ps_7.html

https://spinoff.nasa.gov/Spinoff2017/cg_1.html

https://spinoff.nasa.gov/Spinoff2020/t_8.html

https://thesis.unipd.it/retrieve/16e318fd-aace-43e7-89fb-decbceb6fc07/Sensori_d%27immagine_CCD_e_CMOS.pdf

https://www.treccani.it/enciclopedia/spazio/

Crediti fotografici

1, 2: © Shutterstock
3a, 3b, 4a, 4b, 5m, 7: © NASA
5a: © Logitech, Mouse Signature M650
5b: © Selea, Targa 806
5c: © Xiaomi, Smart camera S200
5d: © Garmin, Dash Cam Mini 2
5e: © GoPro, Hero 12
5f: © Meta, Quest 3
5g: © Dji, DJI Avata 2
5h: © Apple, iPhone 13
5l: © Nikon, Z9 sensor
6: © NASA Spinoff
8: © Argonne National Laboratory
9: © Q. Changeat et al 2024 ApJS 270 34

Finito di stampare nel mese di settembre 2024
per conto di RCS MediaGroup S.p.A.,
da Rotolito S.p.A., Via Sondrio, 3, 20056 Pioltello (Milano)
Printed in Italy